# Vergleichende embryologische Studien über die Familie der Caprifoliaceae.

Inaugural - Dissertation

zur Erlangung des Doktorgrades

genehmigt von der

Philosophischen Fakultät der Universität Wien.

Vorgelegt von

Edith Moissl geb. Heinz

aus Salzburg.

Springer-Verlag Wien GmbH

1941

302

Berichterstatter: Prof. Dr. Karl Schnarf

Prof. Dr. Fritz Knoll

Tag der mündlichen Prüfung: 26. Juni 1941.

ISBN 978-3-662-40733-2          ISBN 978-3-662-41215-2 (eBook)
DOI 10.1007/978-3-662-41215-2

Sonderabdruck aus Heft 3, Band 90, 1941, der

# ÖSTERREICHISCHEN BOTANISCHEN ZEITSCHRIFT

Springer-Verlag in Wien. — Alle Rechte vorbehalten

# Vergleichende embryologische Studien über die Familie der *Caprifoliaceae*

Von

## Edith Moissl geb. Heinz

(Mit 110 Textabbildungen)

### Inhaltsübersicht


Seite

Einleitung .......................................... 153—154

Eigene Untersuchungen............................ 154—201

Der weibliche Gametophyt von *Sambucus nigra*.............. 154—165

Die fertile Samenanlage............................... 155—162
Die sterile Samenanlage ............................. 162—165

Der männliche Gametophyt von *Sambucus nigra* ............ 165—168
Der weibliche Gametophyt von *Viburnum lentago* ........... 169—178

Die fertile Samenanlage............................... 169—175
Die sterile Samenanlage ............................. 175—178

Der männliche Gametophyt von *Viburnum lentago* und *Viburnum mongolicum* ....................................... 178—180
Der weibliche Gametophyt von *Symphoricarpus racemosus*.... 180—189

Die fertile Samenanlage ............................. 181—188
Die sterile Samenanlage ............................. 188—189

Der männliche Gametophyt von *Symphoricarpus racemosus*... 189—191
Der weibliche Gametophyt von *Lonicera pyrenaica, involucrata, caprifolium* und *pileata*............................ 191—199
Der männliche Gametophyt von *Lonicera pyrenaica* ......... 199—201

Zusammenfassung der Ergebnisse.................... 201—210

Anhang ........................................... 211

Schriftenverzeichnis................................ 211—212


## Einleitung

Die Hauptaufgabe unserer Untersuchung bestand darin, das Gesamtbild, das die bisherigen embryologischen Untersuchungen für die Familie der *Caprifoliaceae* ergeben haben, zu ergänzen. Es wurden aus den drei Unterfamilien hauptsächlich Vertreter der Gattungen *Sambucus, Viburnum, Symphoricarpus* und *Lonicera* untersucht. Ein Gesamtbild von den embryologischen Verhältnissen dieser Familie zu gewinnen, erscheint deswegen erwünscht, weil es wahrscheinlich ist, daß wir in ihr verhältnismäßig ursprüngliche Vertreter der Reihe der *Rubiales* sehen dürfen.

In den letzten Jahren wurde von Embryologen die Frage über die systematische Stellung der *Compositae* aufgeworfen. Die Untersuchungen dieser Familie hatten nämlich gezeigt, daß die *Compositae* durch eine tiefe Zäsur von den *Campanulaceae, Lobeliaceae* und Verwandten getrennt sind, mit denen sie gewöhnlich zu einer Ordnung vereinigt werden. In diesem Zusammenhang wurde auch darauf hingewiesen, daß die embryologischen Verhältnisse der *Compositae* in mancher Hinsicht innerhalb der *Rubiales* ihren Anschluß finden. Im Zusammenhang mit dieser Frage erscheint es natürlich notwendig, daß auch unsere Kenntnisse bezüglich der *Rubiales* sichergestellt und erweitert werden. Einen Schritt in dieser Hinsicht zu tun, ist der Zweck der vorliegenden Arbeit. Im folgenden soll daher dargestellt werden, wie sich die *Caprifoliaceae* auf Grund der früheren und der eigenen Untersuchungen zusammen in embryologischer Hinsicht verhalten. Es ist selbstverständlich, daß mit den vorliegenden Untersuchungen noch nicht alle Lücken unserer Kenntnisse ausgefüllt sind. Immerhin kann sich das Allgemeinbild auf die Untersuchungen der wichtigsten Gattungen stützen, die sich auf sämtliche Abteilungen der Familie verteilen.

Kurz sei noch erwähnt, daß das für eine Untersuchung herangezogene Material aus dem botanischen Garten der Universität Wien stammt und im Frühjahr 1939 gesammelt wurde. Die Fixierung erfolgte mit KARPETSCHENKO und die Färbung mit Hämatoxylin. Die Untersuchung des männlichen Gametophyten wurde ergänzend an Frischmaterial, welches mit Karminessigsäure gefärbt wurde, ausgeführt.

## Eigene Untersuchungen

### Der weibliche Gametophyt von *Sambucus nigra*

Der Fruchtknoten von *Sambucus nigra* ist dreifächrig (Abb. 1). Obwohl von HORNE (1914) eine Zwei- bis Fünffächrigkeit angeführt wird,

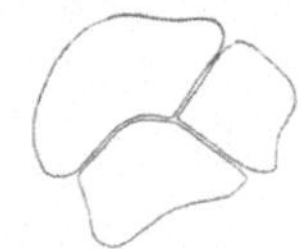

Abb. 1. *Sambucus nigra.* Querschnitt durch den dreifächrigen Fruchtknoten. (Vergr. 12fach)

Abb. 2. *Sambucus nigra.* Querschnitt durch den Griffel. (Vergr. 20fach)

konnte ich nur ein einziges Mal einen vierfächrigen Fruchtknoten finden. Von den drei Fächern erscheinen immer zwei Fächer etwas größer als das dritte Fach. Jedes Fach enthält nur eine einzige anatrope, tenuinuzellate, unitegmische Samenanlage, welche fertil ist.

Die Endteile der drei den Fruchtknoten bildenden Fruchtblätter legen sich zu einem kegelförmigen kurzen Griffel zusammen, der an seinem Ende eine verhältnismäßig abgestumpfte Narbe aufweist, die ungefähr zur Zeit befruchtungsfähiger Embryosäcke stark papillös wird. Die sich zum Griffel zusammenlegenden Fruchtblätter verwachsen nicht vollständig, so daß sich ein enger Spalt von der Narbe zu den drei fertilen Samenanlagen erstreckt. Diesen Spalt zeigt die Abb. 2.

Im folgenden sollen meine Beobachtungen über die Entwicklung der fertilen Samenanlagen ausgeführt werden.

### Die fertile Samenanlage

Das früheste Entwicklungsstadium, welches ich vorfand, war das der zunächst noch ungegliederten jungen Samenanlage, die als eine höckerförmige Ausbuchtung in den Fruchtknotenraum ragt. Sie entsteht im wesentlichen durch das Wachstum subepidermalen Gewebes und enthält eine

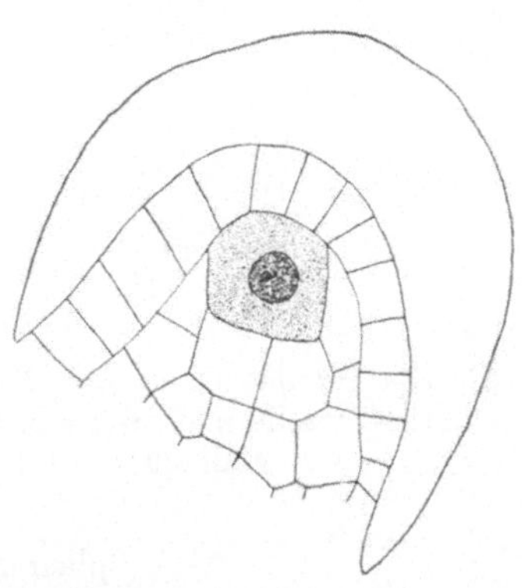

Abb. 3
*Sambucus nigra.* Junge Samenanlage mit einer Archesporzelle. (Vergr. 340fach)

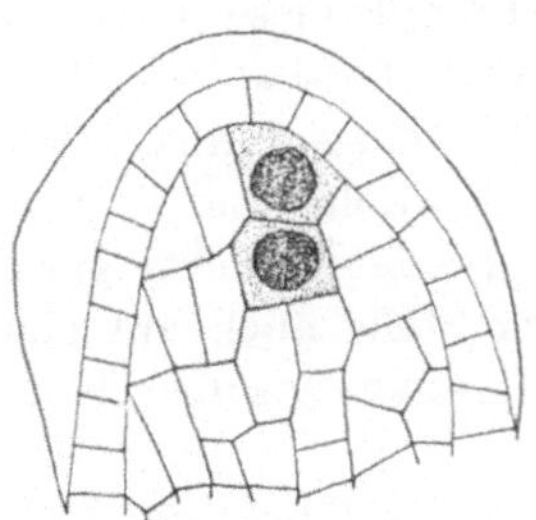

Abb. 4. *Sambucus nigra.* Junge Samenanlage mit zwei Archesporzellen. (Vergr. 340fach)

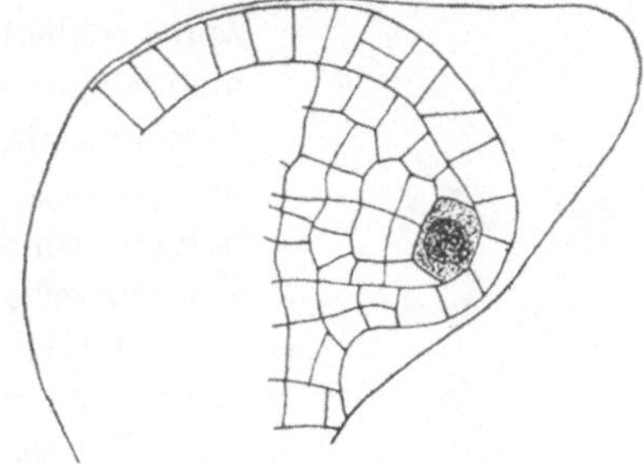

Abb. 5. *Sambucus nigra.* Integumentanlage. (Vergr. 340fach)

(Abb. 3), sehr selten zwei (Abb. 4) Archesporzellen, die von einer einschichtigen Nuzellusepidermis umgeben sind.

Diese höckerförmige Samenanlage wächst zunächst noch so lange in der von ihr anfangs eingeschlagenen horizontalen Richtung, als ihr die Innenfläche des Fruchtknotenraumes dazu Platz läßt. Ist dies nicht mehr der Fall, so tritt eine Richtungsänderung in vertikaler Richtung nach unten ein. Zu dieser Zeit fängt auch das Integument seine Entwicklung an. Es entstehen nämlich in einer epidermalen Zellreihe perikline Wände, aus welcher dann das Integument in die Höhe wächst (Abb. 5).

Bevor noch die junge Samenanlage die vertikale Richtung vollständig erreicht hat, beginnt sich die subepidermale, großkernige und

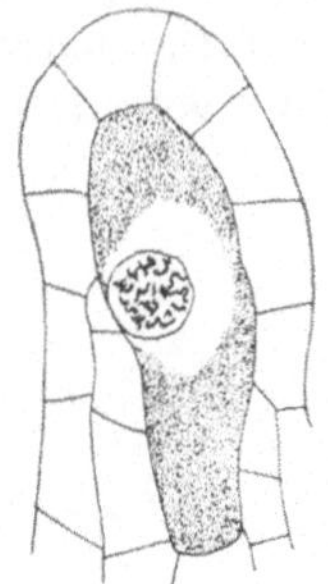

Abb. 6. *Sambucus nigra.* Embryosackmutterzelle in Diakinese. (Vergr. 430fach)

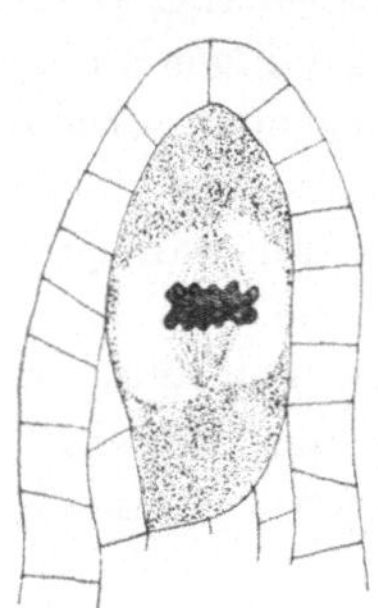

Abb. 7. *Sambucus nigra.* Embryosackmutterzelle in Metaphase. (Vergr. 430fach)

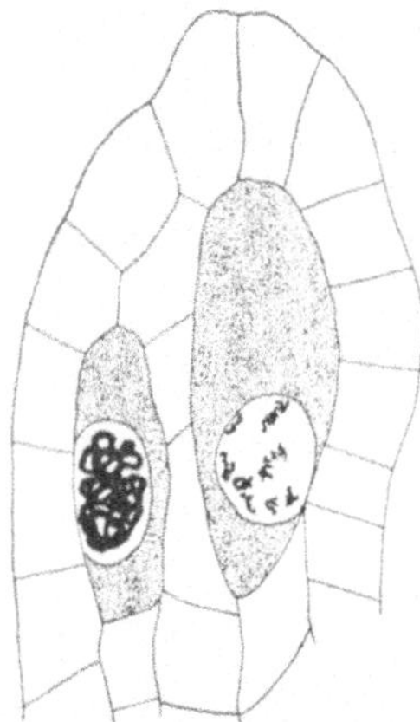

Abb. 8. *Sambucus nigra.* Zwei Embryosackmutterzellen in Synapsis und Diakinese. (Vergr. 430fach)

plasmareiche Archesporzelle zu vergrößern, besonders in die Länge zu strecken. Die Samenanlage führt unterdessen ihr Wachstum weiter durch, bis sie die anatrope Lage erreicht, in welcher sich auch das Integument über dem Scheitel des Nuzellus schließt. Die Mikropyle dieser anatropen Samenanlage ist, wie auch LAGERBERG (1909) für *Sambucus racemosa* und *Adoxa* angibt, „niemals in dem Winkel zwischen Funikulus und Plazenta verborgen, sondern ist frei lateralwärts gerichtet". Ich verweise an dieser Stelle auch auf eine ausführliche Behandlung LAGERBERGs über die Bildung der Samenanlage.

Wie schon erwähnt, erfährt die Archesporzelle eine bedeutende Vergrößerung und ohne eine parietale Zelle abzugeben, wird sie direkt zur Embryosackmutterzelle. Diesbezüglich liegen auch Angaben von JÖNSSON (1879, 1880), LAGERBERG (1909), VESQUE (1878, 1879a) und GUIGNARD (1882a) vor.

Die Kerne der Embryosackmutterzellen zeigen meist ein Bild der Synapsis oder der Diakinese (Abb. 6), sehr selten jedoch ist ein Bild der Metaphase zu sehen (Abb. 7).

Für gewöhnlich enthält die Samenanlage nur eine Embryosackmutterzelle. Zwei Embryosackmutterzellen nebeneinanderliegend, wie es die Abb. 8 zeigt, waren nur ein einziges Mal zu beobachten. In diesem

Fall scheinen beide, obwohl ungleich großen Embryosackmutterzellen für die künftige Entwicklung gleichwertig zu sein. Der Kern der einen Embryosackmutterzelle befindet sich in Synapsis, der der anderen in Diakinese.

Wie schon das Metaphasenbild der Embryosackmutterzelle der Abb. 7 zeigt, paaren sich die homologen Chromosomen und lassen so auf eine beginnende Reifungsteilung schließen. Die Zahl der Doppelchromosomen läßt sich leicht feststellen. Es sind von mir bei *Sambucus nigra* $n = 18$ Chromosomen gezählt worden. Diseelbe Zahl wurde auch von Lagerberg (1909) an *Sambucus racemosa* und auch an *Adoxa moschatellina* ermittelt.

Das Ergebnis des ersten Teilungsschrittes ist nicht die Dyade, sondern der zweikernige Embryosack. Aus diesem Verhalten geht hervor, daß sich die Entwicklung der Samenanlage von *Sambucus nigra* nach dem *Adoxa*-Typus vollzieht. Dieser Entwicklungstypus wurde auch von Lagerberg (1909) ohne ausführliche Darstellung für *Sambucus racemosa* angegeben. Die nun abermals gewonnene Bestätigung des *Adoxa*-Typus bei *Sambucus* erscheint mit Rücksicht auf die früher viel erörterte Verwandtschaft von *Adoxa* mit den *Caprifoliaceae* von Interesse. Das Vorkommen des *Adoxa*-Typus beschränkt sich nämlich nach der kritischen Durchforschung der Literatur durch Schnarf (1936) auf die Gattung *Adoxa*. Alle anderen Literaturangaben über den *Adoxa*-Typus (früher *Lilium*-Typus genannt)

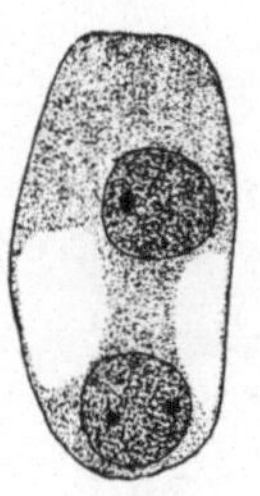
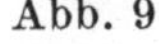
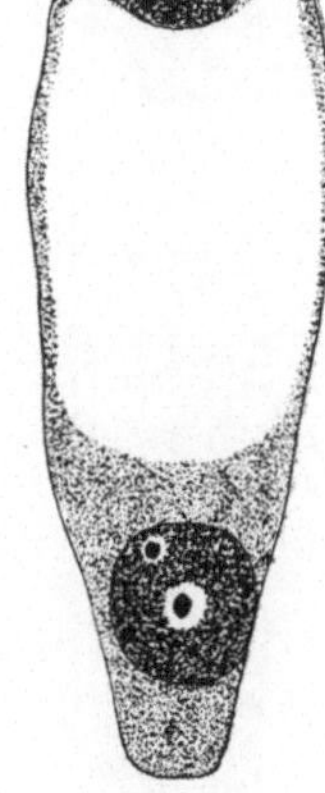

Abb. 9        Abb. 10

Abb. 9 und 10. *Sambucus nigra.* Zweikerniger Embryosack. (Vergr. Abb. 9 450fach, Abb. 10 340fach)

haben sich als falsch oder unsicher ergeben. Wenn dieser *Adoxa*-Typus nun von uns auch für *Sambucus nigra* bestätigt wurde, so erscheint dies immerhin ein bedeutsames Argument dafür, daß *Adoxa* den *Caprifoliaceae* näher verwandt ist. Vergleicht man z. B. die einzelnen Entwicklungsbilder von *Sambucus* und *Adoxa*, so ergeben sich vielfache Ähnlichkeiten. Beiden Samenanlagen ist ein einzelliges Archespor gemeinsam, welches sich durch starkes Wachstum vergrößert und, ohne Deckzellen abzugeben, die beiden Reifungsteilungen ohne Wandbildungen durchführt. Die Archesporzelle stellt also zugleich die Embryosackmutterzelle wie den einkernigen Embryosack dar. In dem einkernigen Embryosack von *Sambucus nigra* wird die Kernteilung stets durch eine zur Nuzellusachse parallelstehende Spindel bestimmt. Es liegen demnach die beiden Tochterkerne im zweikernigen Embryosack

immer übereinander und sind unmittelbar nach ihrer Teilung noch durch
Reste der Spindelfasern und Plasmafäden verbunden (Abb. 9). Bald
aber werden die runden, gleich großen Kerne durch eine sich bildende
Vakuole getrennt und von dieser in eine mikropylare und chalazale
Plasmapartie gedrängt, die nur durch eine dünne, auf die Embryosack-
wand beschränkte Plasmaschicht verbunden sind. Während dieser ersten
Kernteilung hat sich auch der Embryosack wesentlich in seiner Länge vergrößert (Abb. 10).

Nun vollzieht sich die zweite Kernteilung, die ich im einzelnen nicht beobachten konnte und nur als schon vollzogen antraf. Nach der Lage der Kerne zu schließen, dürfte die Spindel des mikropylaren Kernes etwas schräg, die des chalazalen Kernes nahezu parallel zur Nuzellusachse gelegen sein. Denn im vierkernigen Embryosack liegen die zunächst

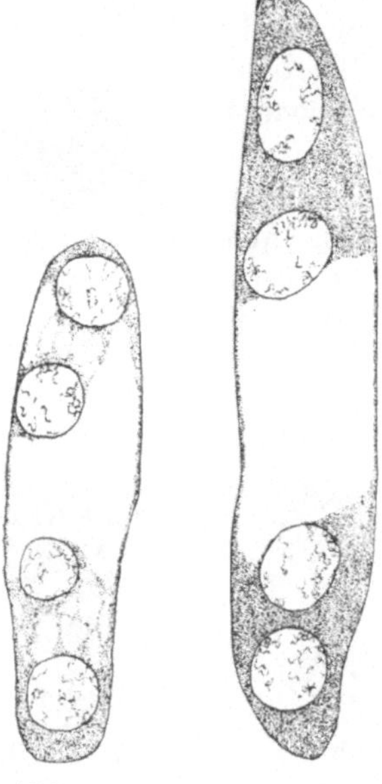

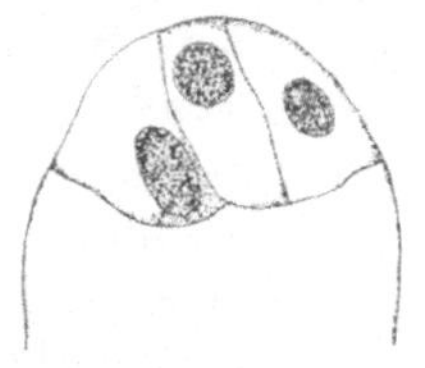

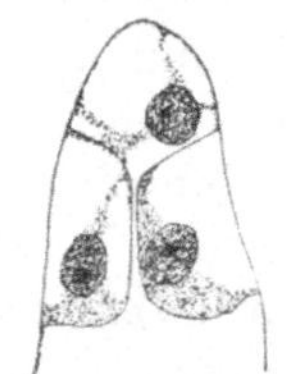

Abb. 11          Abb. 12

Abb. 11 und 12. *Sambucus nigra.*
Vierkerniger Embryosack. (Vergr.
Abb. 11 400fach, Abb. 12 480fach)

Abb. 13. *Sambucus ni-
gra.* Eiapparat. (Vergr.
400fach)

Abb. 14. *Sambu-
cus nigra.* Eiap-
parat.   (Vergr.
400fach)

noch durch Plasmafäden verbundenen Kernpaare, im mikropylaren Teil
des Embryosackes schräg hintereinander, im chalazalen Teil fast übereinander (Abb. 11). Jedoch ist in einem ausgewachsenen, vierkernigen
Embryosack von dieser Orientierung nichts mehr zu sehen und die
beiden Kernpaare liegen voneinander durch eine große Vakuole getrennt,
in einer zur Nuzellusachse parallelstehenden Ebene (Abb. 12).

Die dritte zum achtkernigen Embryosack führende Teilung konnte
ich nicht beobachten. Sie wird vielleicht sehr rasch durchgeführt, ebenso
die Zellbildung, die Eiapparat und Antipodenapparat bildet und die ich
ebenfalls im einzelnen nicht verfolgen konnte. Nach vollendeter Zellbildung liegen im oberen Ende des Embryosackes die Zellen des Eiapparates, im unteren die des Antipodenapparates und, seitlich der Embryosackwand dicht angedrückt, die beiden Polkerne. Der Eiapparat besteht

aus einer deutlich abgegrenzten Eizelle und den beiden Synergiden. Diese Beobachtung findet auch durch Lagerberg (1909) ihre Bestätigung, während es nach Eichinger (1907) zu keiner deutlichen Zellabgrenzung kommen soll. Nach Lagerberg soll auch eine Übereinstimmung in der Zellanordnung des Eiapparates von *Adoxa moschatellina* und *Sambucus racemosa* bestehen. Die Eizelle von *Adoxa moschatellina* soll längs des einen Randes des Embryosackes unterhalb der

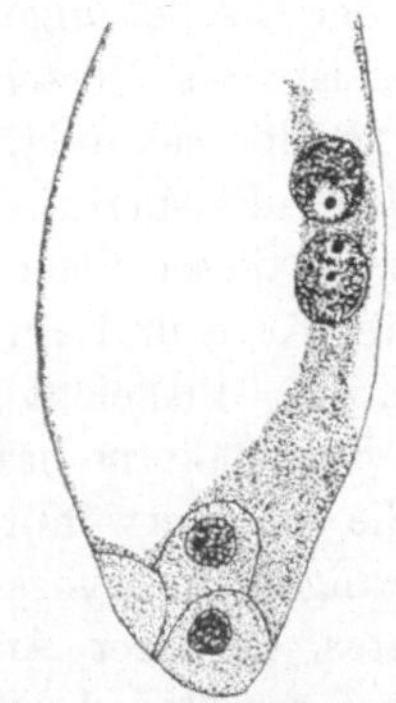

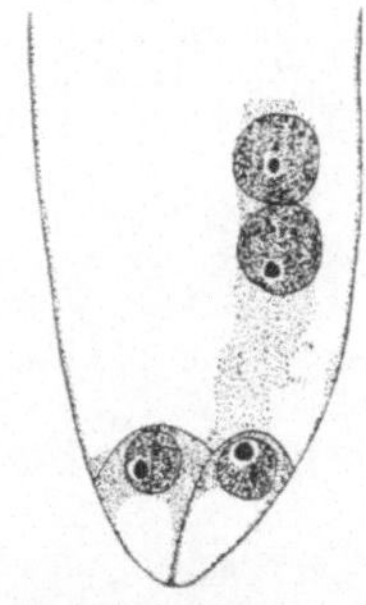

Abb. 15. *Sambucus nigra.* Eiapparat mit sekundärem Embryosackkern. (Vergr. 340fach)

Abb. 16. *Sambucus nigra.* Antipodenapparat und Polkerne. (Vergr. 400fach)

Abb. 17. *Sambucus nigra.* Zwei Antipodenzellen und Polkerne. (Vergr. 400fach)

Synergiden aufgehängt sein und die Synergiden sollen sich an die innere Nuzelluswand anschmiegen. Dieser Anordnung entspräche meine Abb. 13. Sie stellt einen jungen Eiapparat von *Sambucus nigra* mit drei vollständig abgegrenzten Zellen dar. Die Eizelle ist in diesem Falle seitlich befestigt und enthält einen langgestreckten, chalazal gelegenen Kern. Die beiden Synergiden liegen nebeneinander und sind der inneren Wand des Nuzellus angedrückt. Sie enthalten mikropylarwärts gelagerte Kerne.

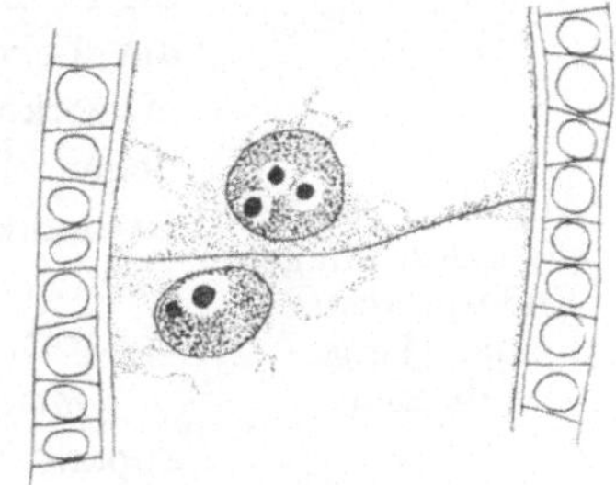

Abb. 18. *Sambucus nigra.* Erste Teilung der Endospermanlage. (Vergr. 400fach)

In einem anderen, noch jungen, achtkernigen Embryosack (Abb. 14) war die Zellbildung anscheinend erst nur für die beiden Synergidenkerne erfolgt, während der Eikern noch frei war und durch plasmatische Fäden mit dem mikropylaren Pol des Embryosackes in Verbindung stand. Ein weiteres Mal konnte ich in einem reifen Embryosack von *Sambucus nigra* eine birnen-

förmige große Eizelle mit deren großem, chalazal gelegenem Kern
beobachten (Abb. 15). Innerhalb der Eizelle fallen in dem wand-
ständigen Plasma dunkelgefärbte Inhaltskörper auf, deren Natur mir
jedoch unbekannt ist. Nach EICHINGER (1907) sollen
in Eizellen von *Sambucus nigra* Stärkekörner anzu-
treffen sein. Der Eizelle benachbart liegt in diesem
Falle die eine Synergide, während die zweite Synergide auch in den Nachbarschnitten nicht zu finden
war. Vielleicht war sie schon zugrunde gegangen.
Unter der Eizelle, ungefähr in der Mitte des Embryosackes, ist das Verschmelzungsprodukt der beiden
Polkerne, der sekundäre Embryosackkern, zu sehen.
Eine feine Plasmabrücke verbindet diesen mit der
Eizelle. In dieser Plasmapartie fällt noch ein schwarz-
gefärbter Kern und ein zweiter, der die Eizelle etwas
deckte, auf. Vielleicht dürfte es sich hierbei um die
beiden Spermakerne handeln.

Wie schon erwähnt, enthält das untere Ende des
achtkernigen Embryosackes die Zellen des Antipodenapparates. In ihrer Anordnung und in ihrem Aussehen soll auf Grund der Untersuchungen von LAGER-
BERG (1909) eine Ähnlichkeit zwischen *Adoxa moschatellina* und *Sambucus* bestehen. Ohne daß LAGERBERG
den Antipodenapparat von *Sambucus* näher beschreibt,
weist er nur vergleichend auf *Adoxa* hin, bei der sich
zwei kleinere Antipodenzellen in das untere Ende
des Embryosackes einfügen sollen, während sich die
dritte Antipodenzelle zu einer größeren, auch länger
am Leben bleibenden Zelle entwickelt. Durch eine
oft vorkommende seitliche Insertion der größeren Antipodenzelle an der Embryosackwand entstehe nach

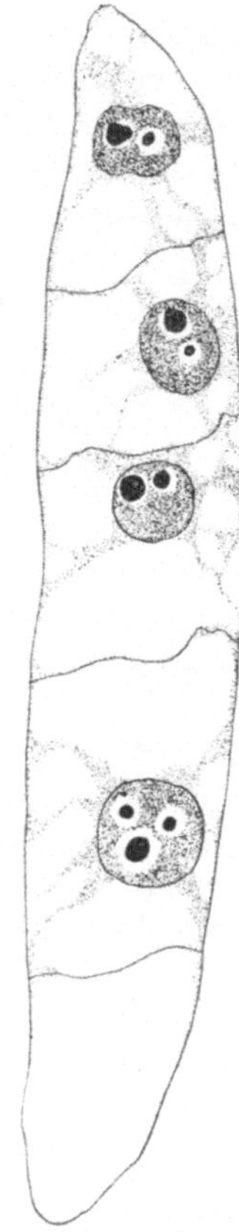

Abb. 19. *Sambu-
cus nigra*. Junges
Endospermstadi-
um. (Vergr.
300fach)

LAGERBERG für *Adoxa* und *Sambucus* auch eine
Ähnlichkeit des Antipodenapparates mit dem Eiapparat.

Meine Beobachtungen ergaben, daß der Antipodenapparat von *Sambucus nigra* meistens aus einer größeren,
langgestreckten Zelle und aus zwei etwas kleineren Zellen besteht. Die beiden
kleineren Antipodenzellen fügen sich tatsächlich wie bei *Adoxa* in das untere
Ende des Embryosackes ein, während ich jedoch eine seitliche An-
heftung der größeren Antipodenzelle nicht beobachten konnte. Alle
drei Zellen sind fast immer voll Plasma (Abb. 16) und nur selten
findet man unter den Kernen der beiden kürzeren Antipodenzellen eine
Vakuole (Abb. 17).

Über das weitere Schicksal der Antipoden fehlen mir die Beobachtungen.

An allen Präparaten fiel die Lage der Polkerne auf. Sie sind stets seitlich der Embryosackwand dicht angedrückt und durch einen mehr oder weniger breiten Plasmastrang mit den ihnen zugehörenden Polen des Embryosackes verbunden (Abb. 16, 17). Verschmelzende Polkerne konnte ich jedoch nie und sekundäre Embryosackkerne nur ein einziges Mal beobachten (vgl. Abb. 15). Auch gelang es nie, den Verlauf des Pollenschlauches oder gar die Befruchtung zu sehen.

Hinsichtlich der Endospermbildung geht aus meinen Beobachtungen, die sich an Hand früher Endospermstadien ergaben, hervor, daß diese sich nach dem zellulären Typus vollzieht. So war z. B. an einem Präparat die schon erfolgte erste Teilung des sekundären Embryosackkernes zu sehen (Abb. 18).

Die Wand, die zwischen den beiden Endospermkernen gebildet worden war, steht quer zur Nuzellusachse, wodurch der langgestreckte schmale Keimsack in ungleich große Hälften geteilt wird. Die mikropylare Zelle ist um ein bedeutendes kleiner als die chalazale

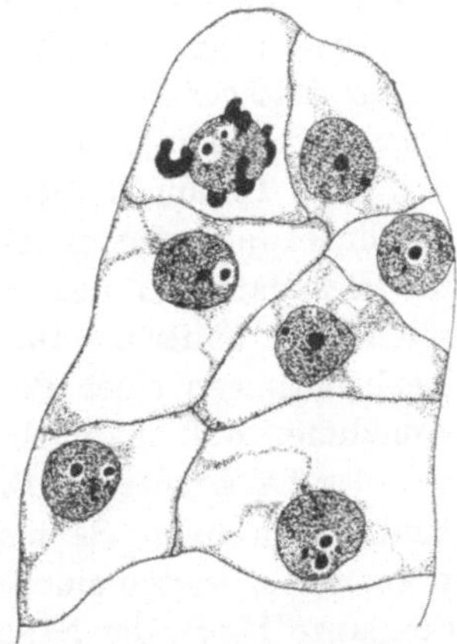

Abb. 20. *Sambucus nigra.* Älteres Endospermstadium. (Vergr. 300fach)

Zelle. Die beiden Kerne liegen dieser ersten Endospermwand nahe an und werden von Plasma allseitig umschlossen, welches seinerseits durch feine plasmatische Fäden mit der Plasmaschicht der Embryosackwand in Verbindung steht.

Ein weiteres Präparat (Abb. 19) zeigte mir einen Keimsack mit vier Endospermkernen, die mehr in der Mitte des Embryosackes liegen und welche durch feine Plasmabrücken mit den einzelnen Zellwänden in Verbindung stehen. Nach dem Bild dieses letztgenannten Präparates und auf Grund weiterer Beobachtungen scheinen die ersten Endospermteilungen Querteilungen zu sein. Ich muß wohl annehmen, da mir diesbezüglich Beobachtungen fehlen, daß eine Längsteilung der Endospermzellen erst später erfolgt.

Die in der Literatur vorliegenden Angaben lassen einerseits eine zelluläre, anderseits eine nukleare Bildungsweise vermuten. Sie wurden im einzelnen von LAGERBERG (1909) für *Sambucus racemosa,* von WENT (1887) und EICHINGER (1907) für *Sambucus nigra* gemacht. Nach ihren Angaben soll sich der Embryosack mit einem Endosperm füllen, welches durch einfache Zweiteilung gebildet worden war, also zellulär. HEGELMAIER (1885, 1886) hingegen nimmt für *Sambucus* einen nuklearen Typus an.

Aus meinen Präparaten geht hervor, daß mit den ersten Endospermteilungen eine bedeutende Vergrößerung des Keimsackes erfolgt, welche
diesen stark in die Länge streckt.

Ein Präparat eines älteren Endospermstadiums zeigte um den Kern
einer mikropylar gelegenen Zelle dunkelgefärbte Körperchen. Es geht
jedoch nicht klar hervor, ob es sich hier um die Eizelle und etwaige
Pollenschlauchreste handelt (Abb. 20).

In den späteren Endospermstadien sind die einzelnen Zellen von
unregelmäßiger Gestalt, ihre Wände sind von einem dünnen Protoplasten bekleidet, der sich nur um die Kerne herum verbreitert.

Eine Teilung des Eikernes, bzw. der Eizelle zum Proëmbryo findet
möglicherweise erst in einem späteren Endospermstadium statt. Obwohl
ich alles Material aufgebraucht hatte, von dem zwar ein Teil wegen seiner
schlechten Fixierung für eine Untersuchung wegfiel, konnte ich keine
Beobachtungen einer Proëmbryo- und Embryobildung machen. Meine
Annahme, daß nämlich die Endospermbildung der Embryobildung
vorausgeht, konnte bei BILLINGS (1901) ihre Bestätigung finden. Fertige
Embryonen reifer Samen, die ich aus eingelegten *Sambucus*-Früchten
präparierte, zeigten einen zarten und schmalen Bau. Sie erfüllten nahezu
die ganze Länge des Samens.

Die sterile Samenanlage

Außer den drei fertilen Samenanlagen kann man noch stark redu-
zierte, stets steril bleibende Samenanlagen beobachten. Diese sind

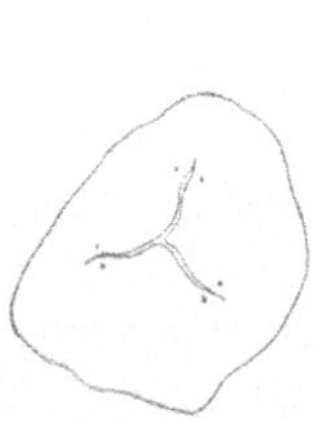

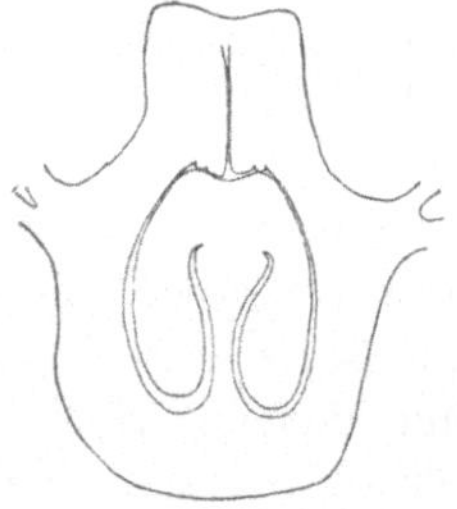

<table>
<tr><td>

Abb. 21. *Sambucus nigra*. Frucht-
knotenquerschnitt. Angedeutete Lage
der reduzierten Samenanlagen. (Ver-
gr. 12fach)

</td><td>

Abb. 22. *Sambucus nigra*. Sterile
Samenanlagen über den Funikuli
der fertilen Samenanlagen. (Vergr.
12fach)

</td></tr>
</table>

beiderseits des engen Spaltes, der von der Narbe zu den drei fertilen
Fächern zieht, zu finden, und zwar nicht längs des ganzen Spaltes, sondern nur
an den Umbiegungsstellen, an welchen sich der Spalt zu dem Fruchtknotenraum der fertilen Samenanlage erweitert. Die Abb. 21 stellt einen Fruchtknotenquerschnitt dar, welcher noch oberhalb der fertilen Fächer geführt

wurde. Die Lage der reduzierten Samenanlagen ist an dem Querschnittsbild durch ein Kreuzchen angedeutet. Diese reduzierten Samenanlagen liegen oberhalb der Funikuli der fertilen Samenanlagen und haben mit diesen den Fruchtknotenraum gemeinsam. HORNE (1914) sagt von ihnen, daß sich in dem Gewebe über den fertilen Samenanlagen stark rudimentäre, in zwei Reihen angeordnete Samenanlagen entwickeln. Eine gleichlautende Angabe macht auch PERSIDSKY (1939).

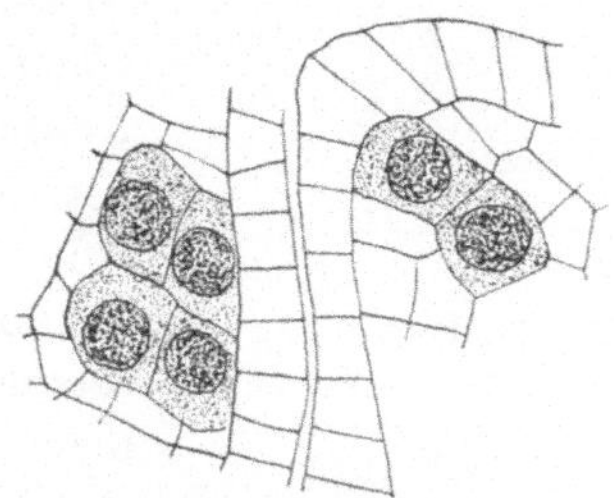

Abb. 23. *Sambucus nigra.* Mehrzelliges Archespor einer sterilen Samenanlage. (Vergr. 300fach)

Es zeigte sich nun, daß die Entwicklung der sterilen Samenanlagen mit der der fertilen Samenanlagen Hand in Hand geht. Denn in den frühen Entwicklungsstadien, in denen die fertilen Samenanlagen noch als höckerförmige Ausbuchtungen in den Fruchtknotenraum ragen, ist von den reduzierten Samenanlagen nichts zu sehen. Und erst bei den ersten vertikal nach unten ausgeführten Krümmungen der fertilen Samenanlagen kann man die sterilen Samenanlagen als zwar zunächst noch sehr kleine Erhebungen hervortreten sehen. Ein früheres Hervortreten erscheint mir aus Raummangel nicht eher möglich, denn erst durch die Orientierungsänderung der fertilen Samenanlage wird sozusagen Raum frei für eine Entwicklung der sterilen Samenanlagen in dem gemeinsamen Fruchtknotenraum. Deutlich sichtbar jedoch werden die säckchenförmigen sterilen Samenanlagen erst bei der endgültig erreichten anatropen Lage der fertilen Anlagen (Abb. 22).

Erst in diesem Stadium kann man unter einer einschichtigen Nuzellusepidermis mehrere großkernige und dunkelgefärbte Archesporzellen sehen. Ein Querschnittpräparat zeigt dieses aus mehreren Zellen bestehende Archespor, das zu beiden Seiten des Griffelspaltes zu sehen ist (Abb. 23). Eine Beständigkeit in der Zahl der angelegten Archespor-

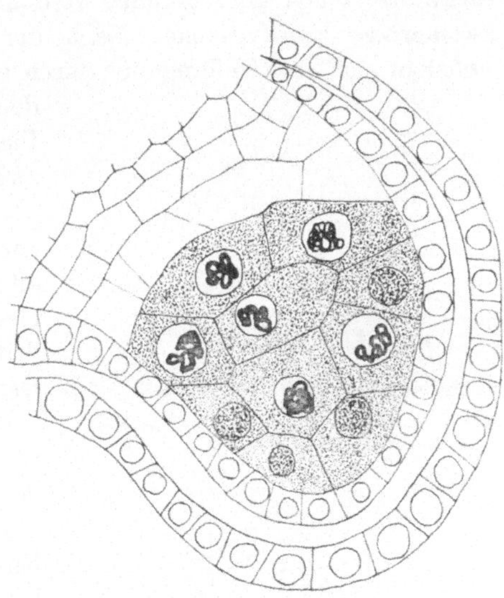

Abb. 24. *Sambucus nigra.* Embryosackmutterzellen einer sterilen Samenanlage. (Vergr. 300fach)

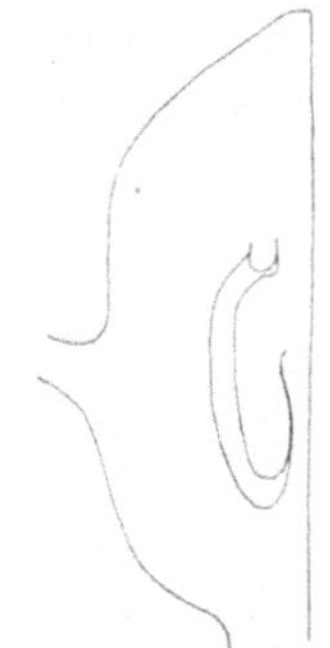

Abb. 25
*Sambucus nigra.*
Sterile Samenanlage über dem Funikulus der fertilen Samenanlage.
(Vergr. 12fach)

zellen konnte ich jedoch nicht feststellen. Es sind manchmal bis zu 18 Zellen zu beobachten. Ein weiteres Querschnittpräparat zeigt zahlreiche Archesporzellen, deren Kerne zum Teil im Stadium der Synapsis sind (Abb. 24). Dies deutet auf eine beginnende Teilung hin. Ohne daß aber jemals eine Abgliederung parietaler Zellen erfolgen würde, werden die Archespor zellen direkt zu Embryosackmutterzellen. Auch ist niemals eine Integumentbildung zu sehen. Möglicherweise wird nun eine längere Ruhezeit eingeschaltet. Denn es ist zwar eine weitere Vergrößerung der Embryosackmutterzellen und mit ihr bedingt auch ein stärkeres Hervortreten der gesamten Samenanlage zu beobachten (Abb. 25), jedoch sind durch eine längere Zeit hindurch keine Kernteilungsbilder wahrzunehmen.

Die Kernteilungen, die nun innerhalb der Embryosackmutterzellen durchgeführt werden, ergeben keine Tetraden, sondern zweikernige Embryosäcke. Nach der Lage der Kerne zu schließen, vollzieht sich ihre Teilung nie durch eine einheitlich gerichtete Spindel, denn die Kerne liegen irgendwo im Plasma verstreut. Es kann noch eine zweite Kernteilung erfolgen, welche aber wieder regellos gelagerte Kerne zur Folge hat. Aber durchaus nicht alle zweikernigen Embryosäcke machen diese Teilung durch. Eine weitere dritte Kernteilung konnte ich nicht feststellen.

An einem Präparat (Abb. 26) waren einmal drei Embryosäcke einer deutlich säckchenförmigen, sterilen Samenanlage zu beobachten. Ein Embryosack befand sich im zweikernigen, die beiden anderen Embryosäcke im vierkernigen Stadium. In diesem Stadium der Zwei- und Vierkernigkeit verharren nun die Embryosäcke der sterilen Samenanlagen,

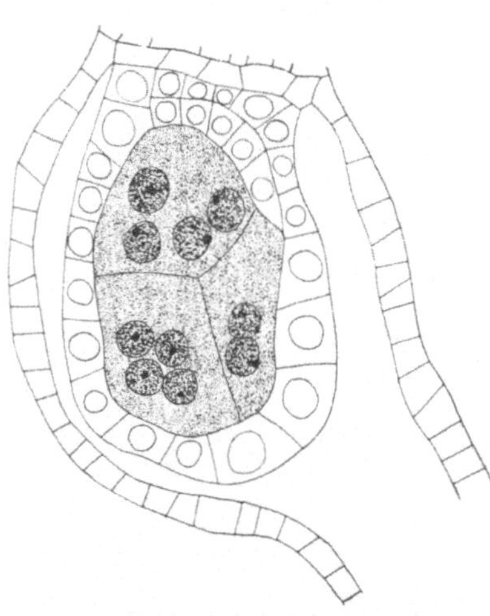

Abb. 26. *Sambucus nigra.* Sterile Embryosäcke. (Vergr. 300fach)

wobei eine nochmalige Vergrößerung der gesamten Anlage zu beobachten ist (Abb. 27).

Allmählich macht sich nun in dem gleichmäßig dichten Plasma der sterilen Embryosäcke eine Vakuolenbildung bemerkbar, welche zur Zeit der Endospermbildung fertiler Embryosäcke besonders auffallend stark ist. Schließlich erscheinen die Embryosäcke in den Präparaten voneinander abgelöst. Ihre Wände und Kerne beginnen sich aufzulösen, bis endlich das ganze Gebilde zugrunde geht (Abb. 28).

An dieser Stelle sei auch das von LAGERBERG (1909) und SCHÜR-HOFF (1916 b, 1921 b) angegebene spezifische Leitungsgewebe des Griffels

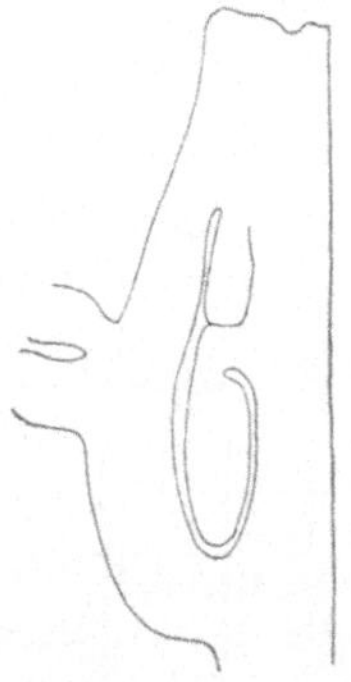 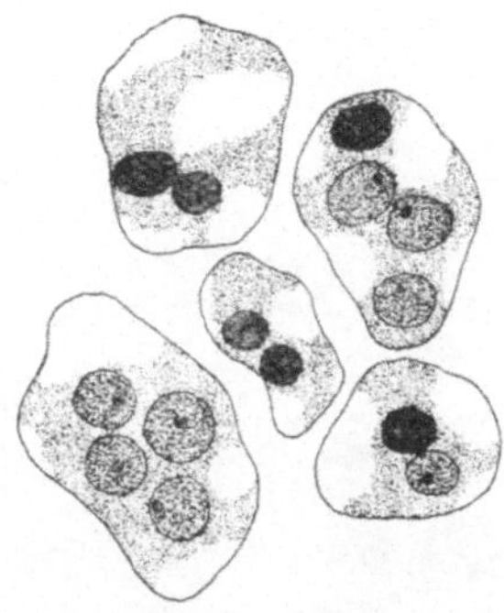

Abb. 27. *Sambucus nigra.* Sterile Samenanlage über dem Funikulus der fertilen Samenanlage. (Vergr. 12fach)

Abb. 28. *Sambucus nigra.* Zugrunde gehende sterile Embryosäcke. (Vergr. 360fach)

von *Sambucus* erwähnt, welches nichts anderes ist als zahlreiche zwei- und vierkernige, sterile Embryosäcke, die einem derartigen Gewebe sehr gleichen. Zieht man jedoch zur Untersuchung der sterilen Samen-anlagen schon winzig kleine Blüten heran, so läßt sich eine Entwicklungs-reihe bis zu den sich auflösenden Embryosäcken ganz gut verfolgen. Eine verhältnismäßig geschlossene Darlegung der Entwicklung steriler Samenanlagen wurde von HORNE (1914) und PERSIDSKY (1939) gegeben; viele eigene Beobachtungen bestätigen die dortigen Angaben.

## Der männliche Gametophyt von *Sambucus nigra*

An dem Aufbau der Antherenwand sind vier Zellschichten beteiligt, von denen jede im Laufe der Entwicklung zum reifen Pollenkorn eine auffallende Veränderung erfährt. Es sind dies im einzelnen die Epi-dermis, die subepidermale Zellschicht, eine kleinzellige Mittelschicht und das Tapetum. Es zeigte sich, daß die Tapetenzellen besonders stark ihr Aussehen verändern. Während der Ausbildung der Pollenmutter-zellen beobachtete ich in den Zellen der Tapetenschicht große, dunkel-gefärbte Kerne, die Kernen im Synapsisstadium glichen. Die Zellen sind außerdem von einem homogen dichten Plasma erfüllt. Die Zellen der Mittelschicht enthalten nur sehr wenig Plasma und kleine, runde Kerne und die der subepidermalen Schicht größere, dunkelgefärbte

Kerne und ein helleres Plasma. Auch treten innerhalb der subepidermalen Schicht öfters inhaltslose Zellen auf. Die Epidermis enthält kleine Kerne in einem stark vakuolisierten Plasma (Abb. 29).

Es zeigt sich nun, daß die Epidermis, die subepidermale Schicht und die Mittelschicht zur Zeit der Tetradenteilung der Pollenmutterzellen keine wesentliche Veränderung erfahren, während die Zellen des Tapetums stark ihr Aussehen verändern (Abb. 30). Ihre Zellen haben

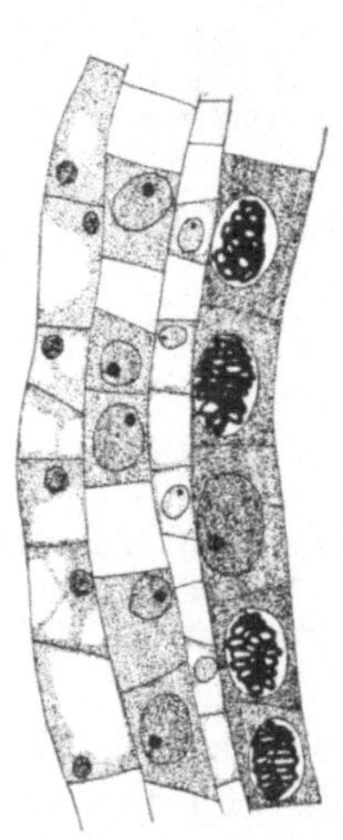

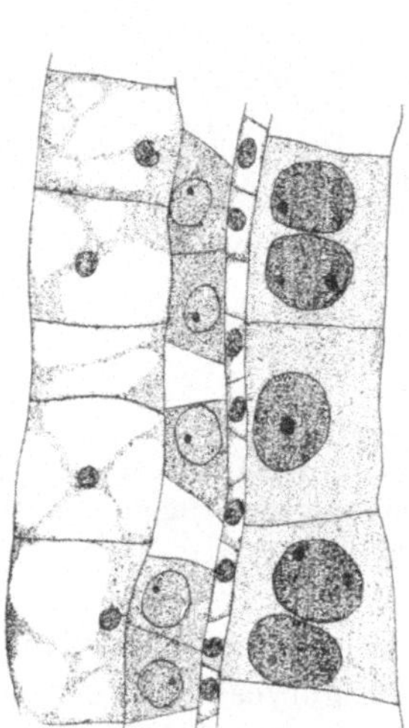

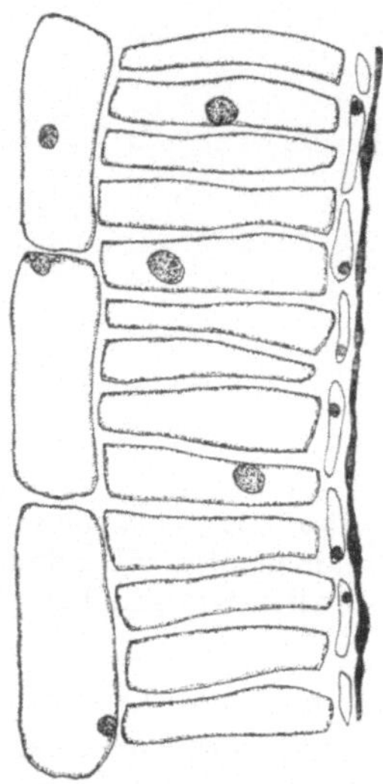

Abb. 29. *Sambucus nigra.* Antherentapetum im Stadium der Pollenmutterzellen. (Vergr. 300fach)

Abb. 30. *Sambucus nigra.* Antherentapetum im Stadium der Pollentetraden. (Vergr. 300fach)

Abb. 31. *Sambucus nigra.* Antherentapetum im Stadium zweikerniger Pollenkörner. (Vergr. 300fach)

sich im Laufe der Entwicklung bedeutend vergrößert und sind durch einfache Mitose zwei- bis vierkernig geworden. Mehr als vierkernige Tapetenzellen sind nicht zu beobachten. Ihr Plasma ist dünner und lichter geworden. Offensichtlich stehen die Tapetenzellen zur Zeit der Tetradenbildung am Höhepunkt ihrer Entwicklung, vielleicht auch ihrer Funktion. Im Stadium zweikerniger Pollenkörner lassen sich an der völlig reduzierten Tapetenschicht keinerlei Zellabgrenzung noch Kerne erkennen (Abb. 31). Aber auch die Zellen der Mittelschicht haben sich voneinander gelöst und enthalten stark geschrumpfte Kerne. Auch diese verschwindet später vollkommen. Hingegen werden die Zellen der subepidermalen Schicht radiär in die Länge gestreckt und enthalten vereinzelte Kerne. Auch die Zellen der Epidermis sind größer geworden, haben aber nahezu ihre Protoplasten verloren. Die Antherenwand besteht auf diese Weise nur mehr aus zwei großen Zellreihen, der Epidermis wie der radial gestreckten, subepidermalen Zellschicht. Mittelschicht und Tapetenschicht erscheinen dann als ein immer mehr degenerierender Belag. Das Antherentapetum von *Sambucus nigra* stellt somit ein typisches Sekretionstapetum dar, welches im Stadium der zweikernigen Pollenkörner völlig verschwindet. Ein Sekretionstapetum wurde auch von JUEL (1915) an *Sambucus ebulus* gesehen.

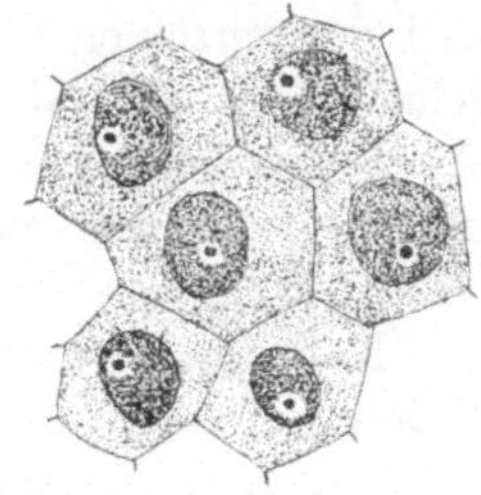

Abb. 32. *Sambucus nigra*. Pollenmutterzellen. (Vergr. 360fach)

Was nun die Ausbildung der Mikrosporen betrifft, konnte ich diese vom Stadium der Pollenmutterzellen an beobachten. Diese sind vier- bis sechseckig, sie enthalten in ihrem homogen dichten Plasma rundliche bis eiförmige dunkelgefärbte Kerne mit einem exzentrischen Nukleolus (Abb. 32). Es ließ sich beobachten,

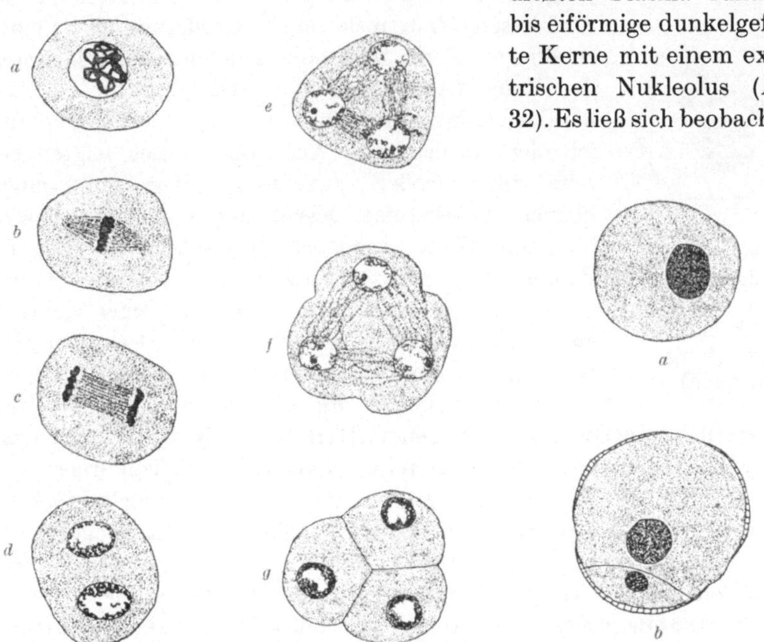

Abb. 33. *Sambucus nigra*. Pollenmutterzellen in Teilung. Fig. *a—d* erster Teilungsschritt; Fig. *e—g* zweiter Teilungsschritt. (Vergr. 360fach)

Abb. 34. *Sambucus nigra*. Einkernige und zweikernige Mikrospore. (Vergr. 360fach)

daß die Entwicklung innerhalb aller Pollenmutterzellen eines Antherenfaches gleichmäßig vor sich geht, aber verschieden rasch innerhalb der gesamten Antherenfächer einer Blüte. Eine Entwicklungswelle innerhalb der einzelnen Antherenfächer ist nicht zu sehen. Die Pollenmutterzellen lösen sich alsbald aus ihrem Verband und machen ein starkes Wachstum durch. Es erfolgen nun zwei Kernteilungsschritte ohne Wandbildung, die zu einer tetraëdischen Anordnung der Kerne führen (Abb. 33).

Nachdem die Kernteilungen vollzogen sind, treten plasmatische Fäden auf, welche sämtliche vier Kerne miteinander verbinden und gleichzeitig buchtet sich die Zellwand zwischen den peripher gelagerten Kernen ein, bis die jungen Pollenkörner durch Wände voneinander getrennt sind (Abb. 33, Fig. *g*).

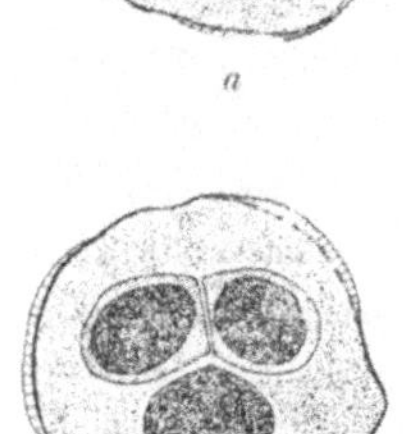

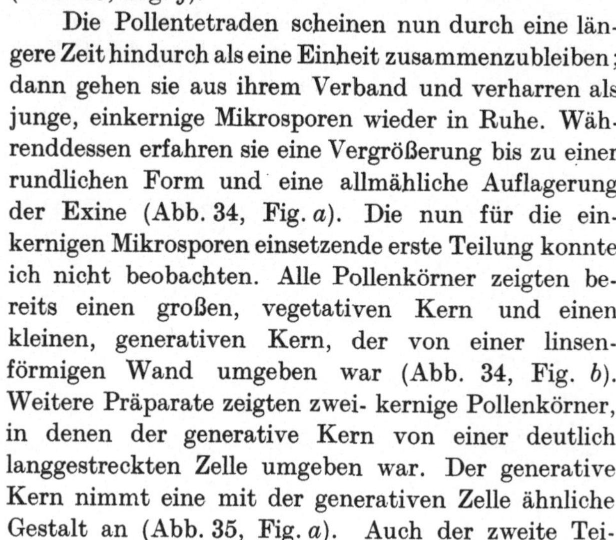

Abb. 35. *Sambucus nigra.* Zweikernige und dreikernige Mikrospore. (Vergr. 360fach)

Die Pollentetraden scheinen nun durch eine längere Zeit hindurch als eine Einheit zusammenzubleiben; dann gehen sie aus ihrem Verband und verharren als junge, einkernige Mikrosporen wieder in Ruhe. Währenddessen erfahren sie eine Vergrößerung bis zu einer rundlichen Form und eine allmähliche Auflagerung der Exine (Abb. 34, Fig. *a*). Die nun für die einkernigen Mikrosporen einsetzende erste Teilung konnte ich nicht beobachten. Alle Pollenkörner zeigten bereits einen großen, vegetativen Kern und einen kleinen, generativen Kern, der von einer linsenförmigen Wand umgeben war (Abb. 34, Fig. *b*). Weitere Präparate zeigten zwei- kernige Pollenkörner, in denen der generative Kern von einer deutlich langgestreckten Zelle umgeben war. Der generative Kern nimmt eine mit der generativen Zelle ähnliche Gestalt an (Abb. 35, Fig. *a*). Auch der zweite Teilungsschritt, welcher nur den generativen Kern betrifft, war nicht zu sehen. Ich fand nur schon reife, dreikernige Pollenkörner vor. Die Spermazellen sind deutlich abgegrenzt. Sie liegen eng aneinander und erscheinen an ihren, den Berührungsflächen entgegengesetzten Polen rundlich abgestumpft. Der vegetative Kern liegt den beiden Spermazellen nahe an, er drängt sich gleichsam an die Spermazellen heran, so daß eine weitgehende Ähnlichkeit mit reifen, dreikernigen Pollenkörnern von *Adoxa moschatellina* auffällt (Abb. 35, Fig. *b*).

Auch in der Literatur wird von Halstedt (1887), Elfving (1879), Lagerberg (1909) und Schürhoff (1919) für *Sambucus racemosa* eine Dreikernigkeit der reifen Pollenkörner wie das Auftreten von Spermazellen angegeben.

Ergänzend sei noch angeführt, daß die Färbung der Pollenkörner mit Karminessigsäure erfolgte, welche rasch und deutlich generative und vegetative Kerne sichtbar machte.

## Der weibliche Gametophyt von *Viburnum lentago*

Der Fruchtknoten von *Viburnum lentago* enthält ein fertiles Fach mit einer einzigen anatropen Samenanlage und zwei weitere Fächer

Abb. 36. *Viburnum lentago.* Fertiles Fach. (Vergr. 12fach)

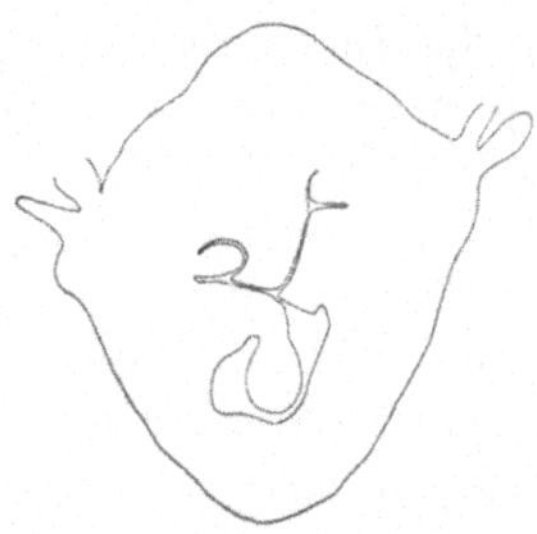

Abb. 37. *Viburnum lentago.* Fruchtknotenlängsschnitt. (Vergr. 12fach)

mit mehreren sterilen Samenanlagen, die ihrerseits keine Umbiegung zeigen. In dem Querschnittpräparat (Abb. 36) ist das fertile Fach von *Viburnum lentago* getroffen.

Die drei Fruchtblätter legen sich zu einem ziemlich kurzen Griffel zusammen, dessen breite Basis kegelförmig in einer wenige Papillen tragenden Narbe endet. Die Fruchtblätter verwachsen nicht vollständig, so daß ein sehr enger Spalt bestehen bleibt, der

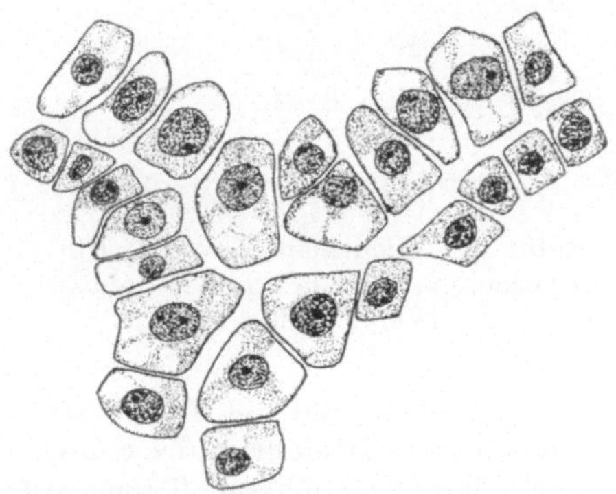

Abb. 38. *Viburnum lentago.* Begrenzung des Griffelspaltes. (Vergr. 200fach)

von großlumigen, papillenartigen Zellen begrenzt wird und der sich zu dem fertilen Fach, wie den beiden höhergelegenen sterilen Fächern erstreckt. Abb. 37 veranschaulicht den die drei Fächer miteinander verbindenden Spalt und die Abb. 38 seine papillöse Begrenzung.

### Die fertile Samenanlage

Die Orientierung der fertilen Samenanlage, entspricht im großen gesehen, der von *Sambucus nigra.* Die anatrope Orientierung der Samenanlage wurde schon von VIDAL (1900) für *Viburnum* angegeben und wurde von VAN TIEGHEM (1908) als ein Charakteristikum der *Caprifoliaceae* im weitesten Sinne aufgezeigt. Einen ausführlichen Hinweis hinsichtlich des Wachstums und der Orientierung der anatropen Samenanlage findet man bei ASPLUND (1920).

Als jüngstes Entwicklungsbild fand ich in äußerst kleinen Blüten Embryosackmutterzellen mit deutlicher Synapsis.

Nach einer Angabe von Asplund (1920) soll bei *Viburnum opulus* die primäre Archesporzelle eine Deckzelle abgeben und so die sporogene Zelle in das Innere des Nuzellus versenken. Dahlgren (1927c) fand bei seinen Untersuchungen einiger *Viburnum*-Arten große Nuzelli mit Embryosackmutterzellen, die von mehreren Zellschichten umgeben werden, was für eine Deckzellbildung spräche. Doch konnte kein sicherer Beleg gegeben werden. Bei meinen Untersuchungen gelang es mir niemals, Deckzellen zu beobachten. Die Embryosackmutterzelle ist nach oben zu von einer einschichtigen Nuzellusepidermis bedeckt. Zwischen der Nuzellusepidermis und der Embryosackmutterzelle treten seitlich noch

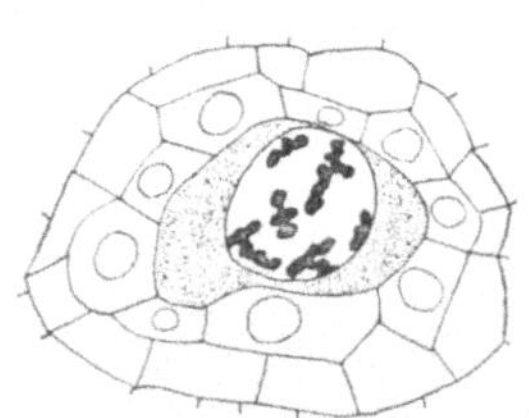

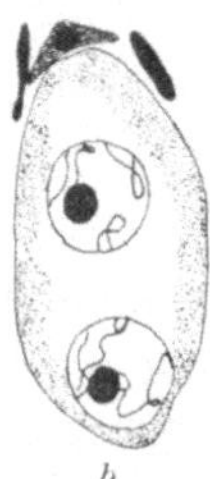


<table>
<tr>
<td>Abb. 39. Viburnum lentago. Embryosackmutterzelle in Prophase. (Vergr. 360fach)</td>
<td>Abb. 40. Viburnum lentago. Zweikerniger Embryosack mit zusammengedrückten Makrosporen.(Vergr. 400fach)</td>
</tr>
</table>

mehrere Zellen auf, die jedoch frühzeitig zugrunde gehen. Wir können unter diesen Umständen die Samenanlage noch als krassinuzellat, jedoch stark dem tenuizellaten Typus angenähert, bezeichnen (vgl. Abb. 41). Das Integument schließt sich frühzeitig über dem Scheitel des Nuzellus zu einem engen Kanal. Die Embryosackmutterzellen haben eine rundliche Gestalt und enthalten in ihren vakuolenarmen Protoplasten einen großen Kern, der meist ein Bild der Synapsis oder der Diakinese zeigt. So gelang es einmal, an einem Bild der Prophase neun gepaarte Chromosomen zu zählen (Abb. 39). Alle diese Kernteilungsbilder deuten somit auf eine beginnende Reifungsteilung hin, welche ich aber in ihren einzelnen Phasen nicht beobachten konnte. Beide Reifungsteilungen und Zellteilungen dürften sehr rasch durchschritten werden. Stets fand ich die drei oberen Zellen der Tetradenreihe in einem völlig degenerierten Zustand, während die vierte, chalazale Makrospore den einkernigen Embryosack und somit die Ausgangszelle für die weitere Entwicklung darstellte. Diese Bildungsweise spricht für eine Embryosackentwicklung nach dem Normaltypus. In dem sich durch Längenwachstum vergrößernden einkernigen Embryosack war der Teilungsschritt zum zweikernigen Embryosack nicht zu finden. Aus der Stellung der beiden Tochterkerne zu schließen, dürfte die Lage der Kernspindel parallel zur Nuzellusachse gelegen sein, da nämlich die Kerne im zweikernigen Embryosack immer übereinander liegen. Zwischen den beiden Tochterkernen sind anfänglich noch Plasmafäden zu sehen, welche aber später von einer Vakuole verdrängt werden (Abb. 40, Fig. *a* und Fig. *b*).

Mikropylar über dem zweikernigen Embryosack zwischen Embryosackwand und Nuzellusepidermis sind die drei zusammengedrückten Makrosporen noch deutlich sichtbar (Abb. 41).

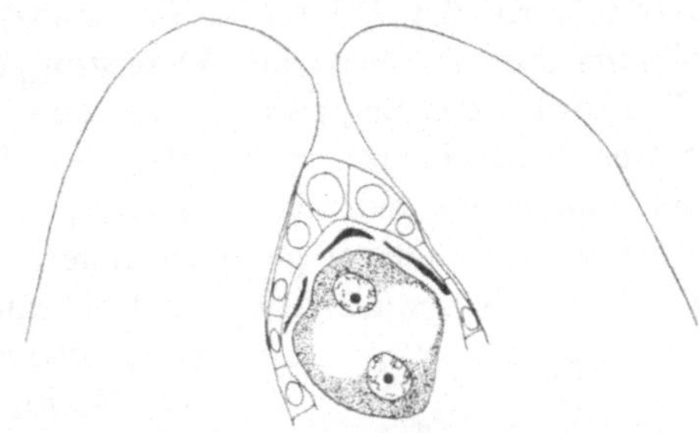

Abb. 41. *Viburnum lentago*. Zweikerniger Embryosack. (Vergr. 330fach)

Auch den zweiten Kernteilungsschritt zum vierkernigen Embryosack konnte ich nicht beobachten. Nach den verschiedenen Präparaten vierkerniger Embryosäcke dürfte in der Teilungsrichtung der Kerne des zweikernigen Embryosackes keine Konstanz bestehen. Denn in vierkernigen Embryosäcken sind die mikropylaren und chalazalen Kernpaare bald nebeneinander, bald übereinander, bald schief hintereinander zu sehen. Stets liegt in der Mitte des Embryosackes eine große, den Embryosack nahezu ausfüllende Vakuole. Über dem vierkernigen Embryosack sind die Reste der Makrosporen noch sichtbar (Abb. 42).

Auch der dritte Kernteilungsschritt zum achtkernigen Embryosack fehlt mir. Die Präparate zeigten nur den fertigen, achtkernigen Embryosack, wobei auch hier in der Lage der Kerne keine Beständigkeit zu herrschen scheint. Je drei Kerne

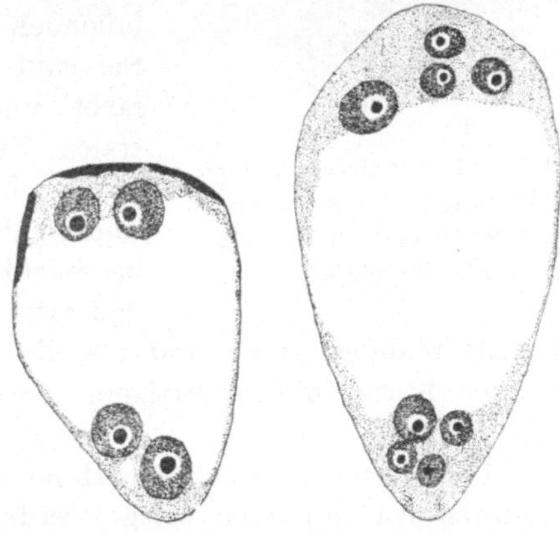

Abb. 42. *Viburnum lentago*. Vierkerniger Embryosack. (Vergr. 330fach)

Abb. 43. *Viburnum lentago*. Achtkerniger Embryosack. (Vergr. 270fach)

des mikropylaren wie chalazalen Poles sind nahezu gleich groß, während die beiden vierten Kerne merklich größer sind. Beide Kerngruppen liegen in einer dichten Plasmapartie an den beiden Polen des Embryosackes, dessen Mitte von einer großen Vakuole eingenommen wird (Abb. 43).

Die nun erfolgende Zellbildung wird, soweit ich es beobachten konnte, nur für die mikropylare Vierergruppe durchgeführt. Es wird ein deutlich abgegrenzter Eiapparat ausgebildet, dem der freibleibende vierte Kern, der Polkern, nahe anliegt. Die Durchführung einer Zellbildung für die chalazale Vierergruppe war nur vereinzelt zu sehen. Hinsichtlich des Eiapparates wäre zu sagen, daß die Eizelle tiefer als die beiden Synergidenzellen befestigt ist. Sie hat bald eine langgestreckte, bald eine breite, gedrungene Gestalt, außerdem enthält sie nur sehr wenig Plasma. Der chalazal gelegene Eikern enthält einen großen Nukleolus. Die beiden Synergidenzellen sind nahezu gleich groß. Auch sie enthalten wenig Plasma und ihre Kerne liegen mehr der Mikropyle zugekehrt. Wie schon erwähnt, können die Antipoden als freie Kerne im Plasmabelag der Embryosackwand zu sehen sein oder äußerst selten als Antipodenzellen auftreten. Jedenfalls scheint ihnen innerhalb des Embryosackes keine bedeutendere Funktion zuzukommen, da die Kerne häufig schon frühzeitig verschwinden. Die beiden am meisten auffallenden Kerne sind die beiden Polkerne. Sie sind ganz besonders groß, dunkel gefärbt und enthalten einen großen, zentralen Nukleolus. Beide Kerne verschmelzen noch vor der Befruchtung zu einem wahren Riesenkern, dem sekundären Embryosackkern. Auffallend ist die Erscheinung, daß zwei Kerne der Vierergruppe schon vor der Zellbildung größer sind als die übrigen Kerne. Es sind dies diejenigen Kerne, die im fertigen, achtkernigen Embryosack die Polkerne darstellen.

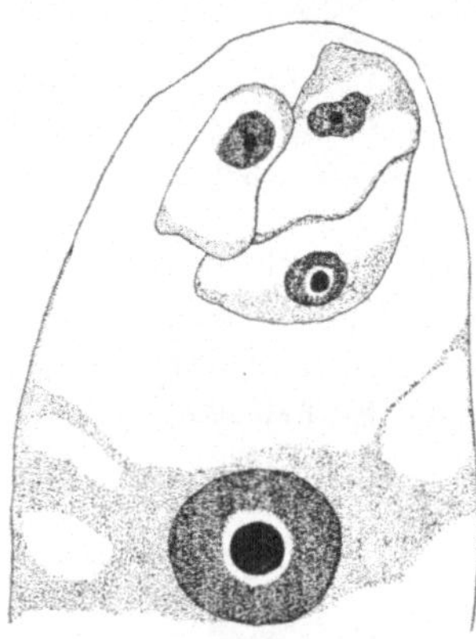

Abb. 44. *Viburnum lentago.* Eiapparat und sekundärer Embryosackkern. (Vergr. 300fach)

Im folgenden sollen an Hand einiger Abbildungen die oben erwähnten Ausführungen belegt werden.

An einem Präparat (Abb. 44) fällt der große, sekundäre Embryosackkern auf. Mikropylar darüber der Eiapparat, dessen langgestreckte Eizelle von den in diesem Falle eigenartig geschrumpft erscheinenden Synergiden etwas verdeckt wird.

Ein breitgedrungener Eiapparat mit dem unter der Eizelle gelegenen großen Polkern der Abb. 45 und als Gegensatz dazu ein noch junger, langgestreckter Eiapparat mit einem etwas kleineren Polkern der Abb. 46 sollen zwei der möglichen Ansichten des Eiapparates zeigen.

Weiter sind in einem Präparat (Abb. 47) drei deutlich abgegrenzte Antipodenzellen und ein großer, sekundärer Embryosackkern zu sehen.

Von dem Eiapparat ist nur die langgestreckte Eizelle getroffen, die beiden Synergiden liegen im Nachbarschnitt. Im Gegensatz zu den Antipodenzellen sollen die freien Antipodenkerne an der Abb. 48 gezeigt werden.

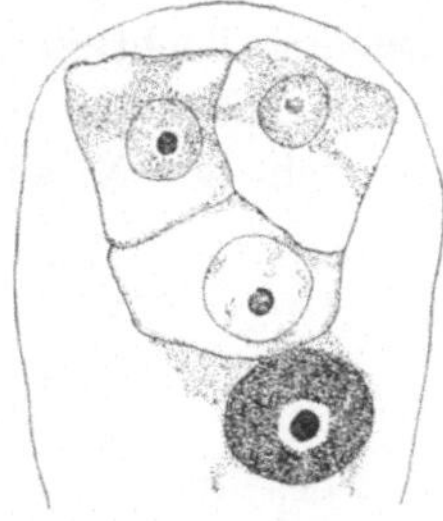

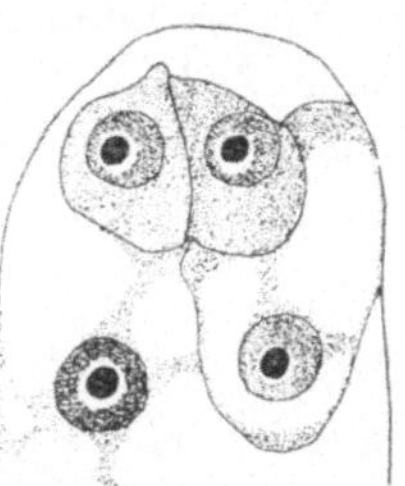

Abb. 45. *Viburnum lentago*. Eiapparat und Polkern. (Vergr. 300fach)　　Abb. 46. *Viburnum lentago*. Eiapparat und Polkern. (Vergr. 360fach)

Über ihnen wiederum der große Polkern, der mit Plasmafäden an der Wand des Embryosackes aufgehängt erscheint.

Die Abb. 49 zeigt einen Embryosack, der in der chalazalen Plasmapartie die Antipodenkerne, in der Mitte des Keimsackes den riesigen, sekundären Embryosackkern und von dem Eiapparat die Eizelle enthält. Die Synergiden sind in diesem Falle im Nachbarschnitt zu sehen.

Was nun das Eindringen des Pollenschlauches und die Befruchtung des Embryosackes

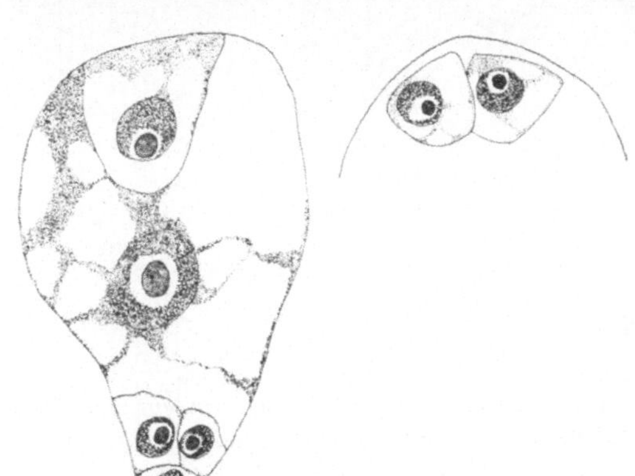

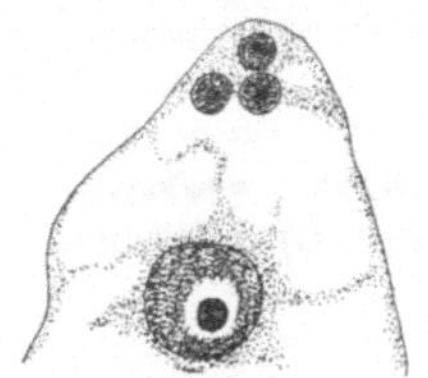

Abb. 47. *Viburnum lentago*. Achtkerniger Embryosack. (Vergr. 360fach)　　Abb. 48. *Viburnum lentago*. Antipoden und Polkern. (Vergr. 360fach)

betrifft, konnte ich derartige Stadien niemals beobachten. Die weiteren Untersuchungen wurden überhaupt durch eine schlechte Fixierung der Blüten erschwert. Es gelang jedoch, an einem Präparat die erste Teilung der Endospermanlage zu beobachten. Hinsichtlich der Endospermbildung wird nämlich einerseits von SUNESON (1933) ein zellulärer Typus, anderseits von Hegelmaier (1885, 1886) ein nukleärer Typus angegeben.

Das Präparat (Abb. 50), welches die erste Teilung der Endospermanlage zeigte, beweist, daß sich die Endospermentwicklung nach dem zellulären Typus vollzieht. Zwischen den beiden Tochterkernen ist nämlich eine Zellmembran ausgebildet worden, welche den Keimsack in zwei ungleich große Hälften teilt. Die Wand steht zur Nuzellusachse

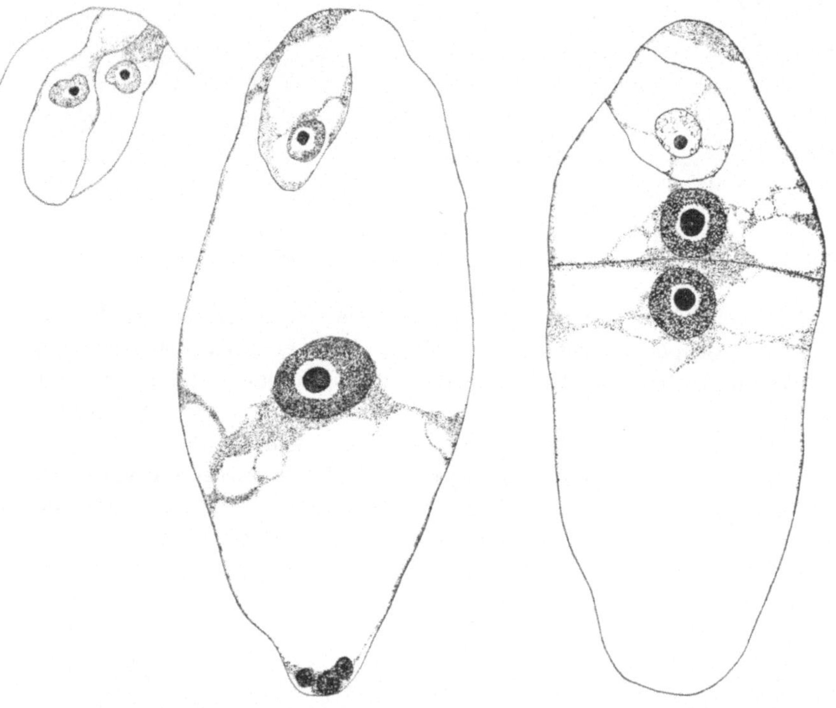

Abb. 49. *Viburnum lentago.* Achtkerniger Embryosack. (Vergr. 270fach)

Abb. 50. *Viburnum lentago.* Eizelle und junges Endosperm. (Vergr. 270fach)

senkrecht, und nach dieser Lage zu schließen, dürfte die Kernspindel des sekundären Embryosackkernes parallel zur Nuzellusachse gestanden sein. Der Teilungsschritt dürfte sich mehr in dem mikropylaren Teil des Embryosackes nahe der Eizelle abgespielt haben, wo auch der eine Endospermkern liegt. Denn es ist nicht anzunehmen, daß sich unmittelbar nach der Teilung die untere Hälfte des Embryosackes besonders stark verlängert hätte. Die beiden Endospermkerne stehen durch plasmatische Fäden mit der Embryosackwand in Verbindung. Die langgestreckte Eizelle zeigt noch keine Teilung.

Leider ergaben sich mir wegen der schlechten Fixierung über weitere Endospermteilungen und auch über die Proëmbryo- und Embryobildung keine Beobachtungen.

Für den reifen Samen gibt BILLINGS (1901) an, daß dieser einen kleinen schmächtigen Embryo enthält, welcher den Samen nicht ausfüllen soll.

## Die sterile Samenanlage

Wie schon eingangs erwähnt, enthält der Fruchtknoten von *Viburnum lentago* außer dem fertilen Fach noch zwei Fächer mit sterilen Samenanlagen. Diese beiden Fächer stehen mit dem fertilen Fach durch einen engen Spalt in Verbindung, der an dieser Art schon erwähnt und abgebildet wurde (vgl. dazu Abb. 37 und 38). Die Abb. 37 zeigt auch die Lage der sterilen Fächer im Fruchtknoten an. Über die Entwicklung der drei Fächer hat HORNE (1914) ausführliche Untersuchungen gemacht.

Im einzelnen konnte ich nun an den sterilen Samenanlagen folgende Beobachtungen machen:

In den zwei sterilen Fächern von *Viburnum lentago* war gewöhnlich je ein Gebilde zu sehen, das als kleiner rundlicher Höcker in den Fruchtknotenraum hineinragte. Es zeigte sich, daß an diesem Höcker im Laufe der Entwicklung der Samenanlagen keine Richtungsveränderung durchgeführt wird. Dieses Gebilde ist als eine Verwachsung von Samenanlagen zu deuten. Das jüngste Entwicklungsstadium, welches an diesem Gebilde zu sehen war, ist das eines mehrzelligen Archespors. Manchesmal beobachtete ich in den Samenanlagen unter einer einschichtigen Nuzellusepidermis vier Archesporzellen. Es scheint jedoch in der Zahl der angelegten Archesporzellen keine Konstanz zu herrschen, denn spätere Entwicklungsstadien zeigten in den einzelnen Samenanlagen bald eine, bald zwei Embryosäcke, die auf ein einzelliges oder zweizelliges Archespor schließen lassen. Die Abb. 51 zeigt z. B. an einem Querschnitt drei miteinander verwachsene Samenanlagen. In jeder Anlage sind vier Archesporzellen zu sehen, deren Kerne zum Teil im Stadium der Synapsis und der Diakinese sind. Die Bildung eines Integuments war bei keiner der vorgefundenen Samenanlagen zu sehen.

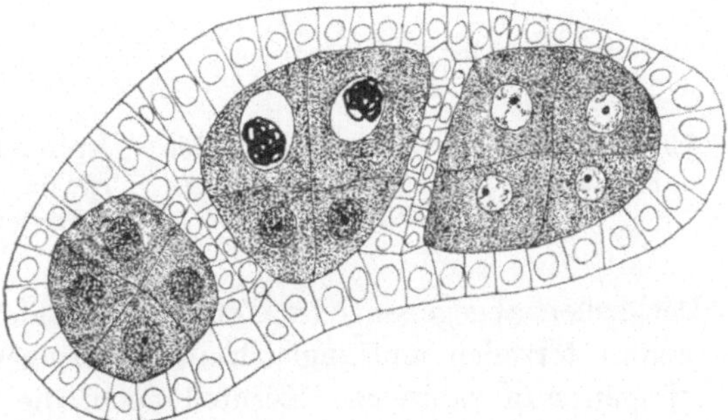

Abb. 51. *Viburnum lentago*. Verwachsene sterile Samenanlage mit einem vierzelligen Archespor. (Vergr. 350fach)

FAMILLER (1896) gibt ein angedeutetes Integument für sterile Samenanlagen verschiedener *Viburnum*-Arten an.

Die Kernteilungsbilder der Archesporzellen deuten auf eine beginnende Reifungsteilung hin. Es werden von den Archesporzellen keine

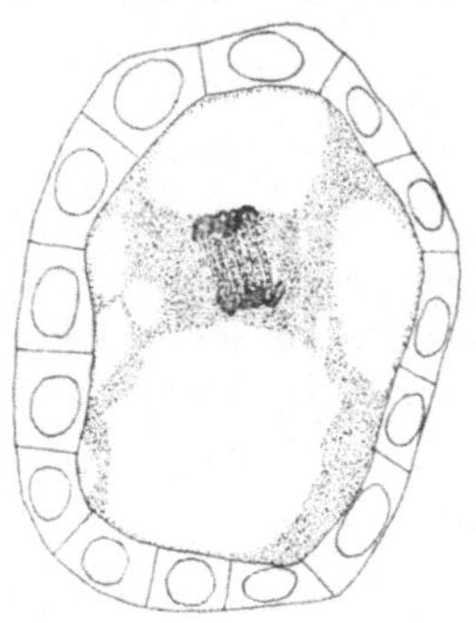

Abb. 52. *Viburnum lentago.* Steriler einkerniger Embryosack in Anaphase. (Vergr. 430fach)

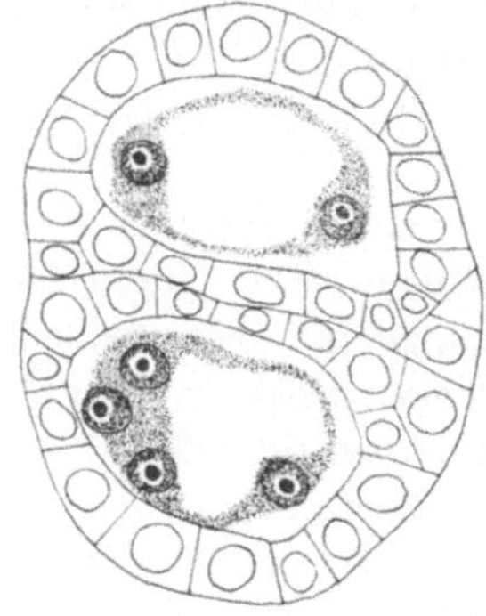

Abb. 53. *Viburnum lentago.* Zwei sterile Samenanlagen mit zwei- und vierkernigem Embyosack. (Vergr. 430fach)

Deckzellen abgegeben oder Tetraden gebildet. Sie werden zu Embryosackmutterzellen und zugleich zu einkernigen Embryosäcken. In diesen erfolgen nun zahlreiche Kernteilungen, die in ihren einzelnen Phasen nur höchst selten zu sehen waren. Vielleicht werden sie sehr rasch durchgeführt, so daß sie sich der Beobachtung entziehen. Es war daher auch nicht möglich, den Chromosomenbestand und die Durchführung einer Meiosis festzustellen. So zeigt z. B. die Abb. 52 einen einkernigen Embryosack in Anaphase, ein Kernteilungsbild, welches nur ein einziges Mal zu sehen war. Das Plasma dieses Embryosackes enthält zahlreiche Vakuolen. Abb. 53 zeigt zwei Samenanlagen mit einem zweikernigen und einem vierkernigen Embryosack, während die Abb. 54 eine sterile Samen anlage mit zwei Embryosäcken im Zwei- und Vierkernstadium darstellt. Zwischen den Kernen des vierkernigen Embryosackes sind noch Reste von Spindelfasern zu sehen.

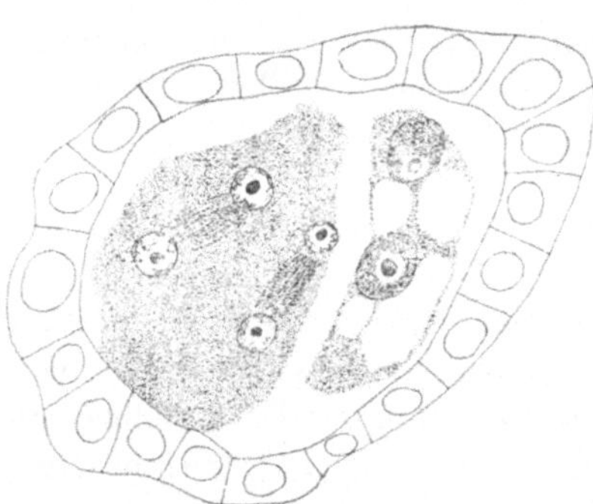

Abb. 54. *Viburnum lentago.* Sterile Samenanlage mit zwei- und vierkernigem Embryosack. (Vergr. 430fach)

Wie schon erwähnt, werden zahlreiche Kernteilungen durchgeführt, so daß Embryosäcke entstehen, die bis 18 Kerne enthalten. Im Laufe der Kernvermehrungen kann man ein Auflösen der Nuzellusepidermis beobachten, bis diese schließlich verschwindet. Im allgemeinen wäre zu erwähnen, daß in den noch wenig-kernigen Embryosäcken große Vakuolen

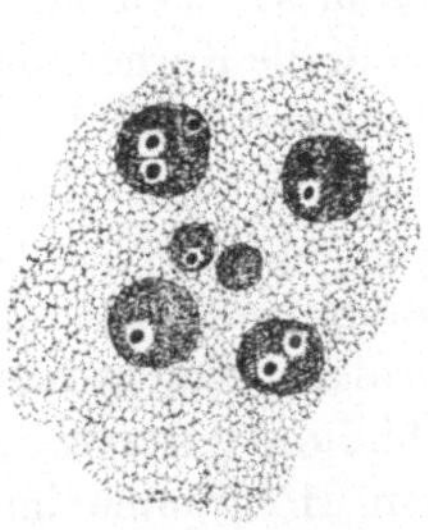

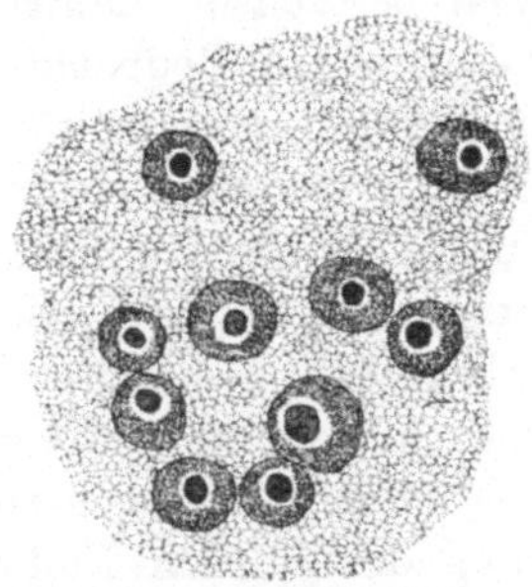

Abb. 55. *Viburnum lentago*. Steriler sechskerniger Embryosack. (Vergr. 430fach)

Abb. 56. *Viburnum lentago*. Steriler zehnkerniger Embryosack. (Vergr. 430fach)

das Plasma durchziehen, in welchem die Kerne stets unregelmäßig verstreut liegen. Den vielkernigen Embryosäcken jedoch fehlen die Vakuolen vollständig. Ihr Plasma erscheint auch dichter und zeigt manchesmal

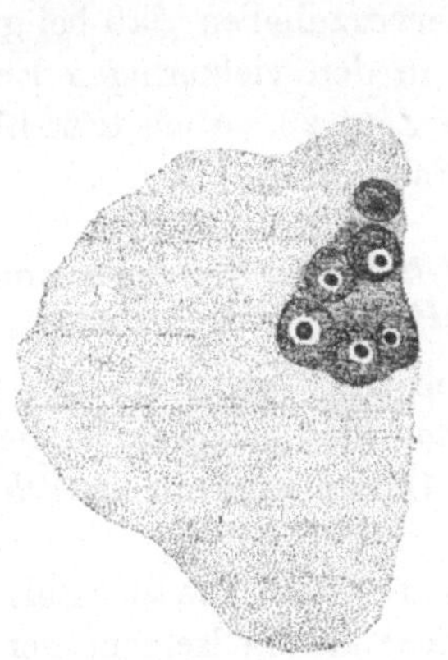

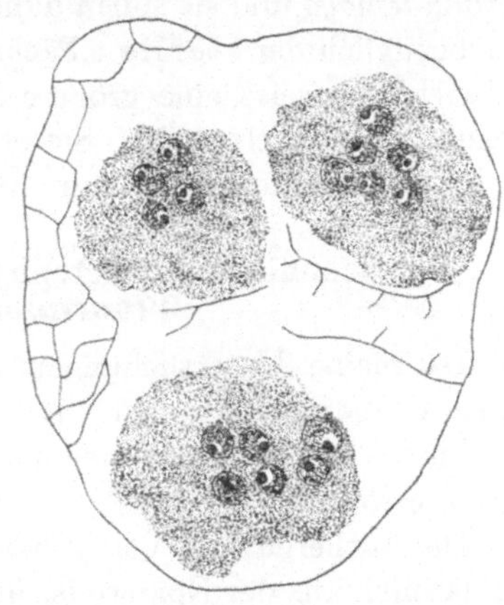

Abb. 57. *Viburnum lentago*. Steriler sechskerniger Embryosack. (Vergr. 430fach)

Abb. 58. *Viburnum lentago*. Drei degenerierende Samenanlagen. (Vergr. 430fach)

eine wabige Struktur. Auch die Größe der Kerne ist nicht einheitlich, wie das z. B. die Abb. 55 zeigt. In diesem Falle liegen zwischen vier großen Kernen zwei kleine Kerne, die je einen Nukleolus aufweisen. Auch ist hier eine völlige Auflösung der Nuzellusepidermis zu bemerken.

Die Abb. 56 zeigt einen zehnkernigen Embryosack, dessen Plasma eine wabige Struktur hat. Sehr selten findet man Embryosäcke mit einer einseitigen Kernanhäufung. Zu einer Differenzierung der Kerne, welche auf einen befruchtungsfähigen Embryosack deuten würde, kommt es auf Grund meiner Beobachtungen nie. In diesem seltenen Fall der einseitigen Kerngruppierung war eine Verdichtung der die Kerne umgebenden Plasmapartie zu sehen (Abb. 57). Es zeigte sich nun, daß die Embryosäcke in ihren vielkernigen Stadien solange verharren, bis die Befruchtung der sterilen Samenanlage erfolgt ist. Dann kann man eine Schrumpfung der Embryosäcke bis zu ihrer völligen Degeneration beobachten (Abb. 58). Es findet also keine Befruchtung der vielkernigen Embryosäcke statt und es kommt daher auch zu keiner Embryobildung. Durch die völlige Auflösung der sterilen Embryosäcke entstehen Hohlräume im Griffel-gewebe, welche aber von den umliegenden Gewebepartien zusammen-gedrückt werden, bis schließlich überhaupt nichts mehr von den sterilen Fächern zu sehen ist.

Anschließend sei erwähnt, daß die Untersuchungen des weiblichen Gametophyten von *Viburnum mongolicum* hinsichtlich der Entwicklung der fertilen Samenanlagen keine nennenswerten Abweichungen ergaben. Die Ergebnisse waren die nämlichen wie bei *Viburnum lentago* und sie sollen daher nicht noch einmal aufgezählt werden. Nur bezüglich der sterilen Fächer wäre hervorzuheben, daß bei gleicher Entwicklungsweise eine größere Kernzahl in den vielkernigen Embryosäcken zu beobachten ist. Sie erreicht die Zahl 20. Auch tritt hin und wieder neben dem fertilen nur ein steriles Fach auf.

### Der männliche Gametophyt von *Viburnum lentago* und *Viburnum mongolicum*

Da meine Untersuchungen hinsichtlich des Verhaltens des männlichen Gametophyten von *Viburnum lentago* und *mongolicum* dieselben Ergebnisse brachten, soll eine ausführliche Darstellung nur an *Viburnum lentago* erfolgen.

Die Antherenwand von *Viburnum lentago* besteht aus vier Zellschichten nämlich aus der Epidermis, der subepidermalen Zellschicht, der transitorischen Mittelschicht und der Tapetenschicht. Zur Zeit der Pollentetraden kann man das Tapetum als eine bereits in Auflösung begriffene Zellschicht beobachten (Abb. 59). Ihre zweikernigen, selten einkernigen Zellen sind von einem nicht besonders dichten Plasma erfüllt und lösen sich aus ihrem geschlossenen Verband. Die Mittelschicht erscheint zu dieser Zeit als eine völlig zusammengedrückte und funktionslose Zellreihe, die keinerlei Kerne oder Zellgrenzen erkennen läßt. Die Zellen der subepidermalen Schicht wie die der Epidermis sind kleinlumig und enthalten kleine runde Kerne und einen auf die Wände zurückgezogenen Proto-

plasten. Zur Zeit des zweikernigen Pollenkornes besteht die Antherenwand nur mehr
aus zwei Zellreihen, aus der Epidermis, die
ihre Kerne nahezu verloren hat oder sie nur
geschrumpft enthält, und aus der sub-

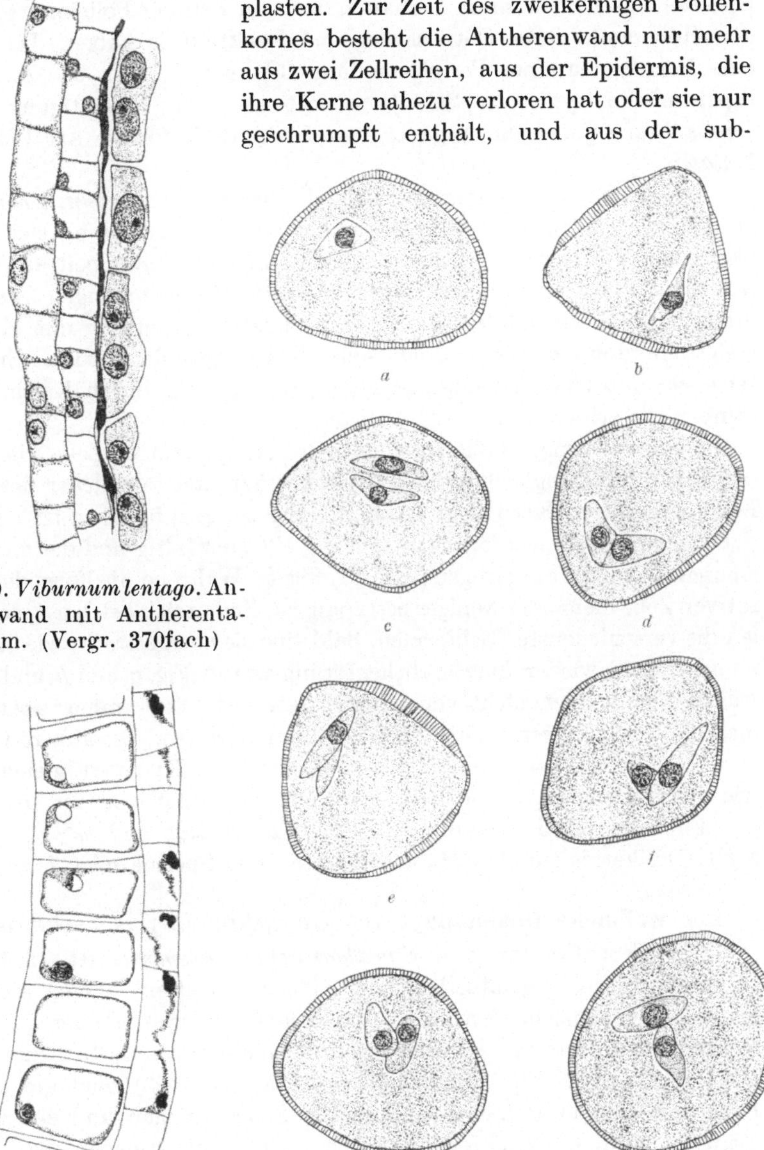

Abb. 59. *Viburnum lentago*. Antherenwand mit Antherentapetum. (Vergr. 370fach)

Abb. 60. *Viburnum lentago*. Antherentapetum. (Vergr. 370fach)

Abb. 61. *Viburnum lentago*. Zwei- und dreikernige Pollenkörner. (Vergr. 450fach)

epidermalen Zellschicht. Die Mittelschicht und die Tapetenzellen sind
vollkommen verschwunden (Abb. 60). Diese früh degenerierenden Ta-

petenzellen scheinen ihrem Verhalten nach zur Zeit der Pollenmutterzellen den Höhepunkt ihrer Entwicklung und Funktion zu haben. Da sie nie eine Neigung zu einer Periplasmodiumbildung zeigen, ist das Antherentapetum ein typisches Sekretionstapetum. Eine Bestätigung dieser Beobachtung geben die Angaben von Juel (1915) für die Art *Viburnum lantana*.

Die erste Entwicklung der Pollenkörner von *Viburnum lentago* soll an dieser Stelle nicht ausführlicher behandelt werden, da sie sich in der nämlichen Weise vollzieht, wie sie schon eingangs der Arbeit an der Art *Sambucus nigra* beschrieben wurde. Nur die Untersuchungen zwei- und dreikerniger Pollenkörner, die an Frischmaterial, gefärbt mit Karminessigsäure, durchgeführt wurden, sollen hier dargestellt werden. Erwähnt sei noch, daß eine Färbung des vegetativen Kernes durch Karminessigsäure nicht erfolgt war.

Das zweikernige Pollenkorn enthält eine generative Zelle, die meist die Form eines ungleichseitigen Dreieckes hat und in welcher der rundliche, generative Kern liegt (Abb. 61, Fig. *a*). Häufig aber ist der eine Schenkel dieser dreieckförmigen Zelle gewellt oder faltig und der andere in eine gerade Spitze ausgezogen (Abb. 61, Fig. *b*). Während die Form der generativen Zelle mehr oder weniger beständig ist, finden sich bei den Spermazellen die verschiedensten Zellformen. Bald sind sie langgestreckt wie in Fig. *c*, *e* und *f*, bald wieder kurz stäbchenförmig wie in Fig. *g* und *h* und selten wie in Fig. *d*, noch nicht voneinander getrennt. Fast immer aber kann man die beiden Spermazellen nahe beisammen finden. Die äußere Gestalt des Pollenkornes ist rundlich bis dreieckig. Die Exine ist gleichmäßig wie faltig strukturiert und hebt sich nicht sonderlich von der Intine ab.

Für das reife Pollenkorn von *Viburnum lentago* und *mongolicum* ist somit Dreikernigkeit, ferner das Auftreten von Spermazellen festgestellt.

### Der weibliche Gametophyt von *Symphoricarpus racemosus*

Der Fruchtknoten von *Symphoricarpus racemosus* ist vierfächrig (Abb. 62). Zwei gegenüberliegende Fächer enthalten je eine anatrope Samenanlage, welche fertil ist. Die beiden anderen Fächer enthalten mehrere, und zwar in zwei Reihen angeordnete anatrope Samenanlagen. Diese sind steril. Ein Längsschnittpräparat (Abb. 63) zeigt ein steriles Fach mit den in Reihen angeordneten Samenanlagen und ein zweites Präparat (Abb. 64) zwei fertile Fächer mit je einer Samenanlage.

Eigenartig ist der Verlauf des Gefäßbündels, welches bei den fertilen Samenanlagen nicht in der Chalazale der Samenanlage endet, sondern in dem Integument der Raphe gegenüber wieder aufsteigt. An dem Querschnitt (Abb. 62) wird das Gefäßbündel beiderseits des Embryosackes sichtbar. Bei den sterilen Samenanlagen endet das Gefäßbündel schon in der Chalaza oder im Funikulus.

Die Fruchtblätter sind miteinander verwachsen und bilden einen lang zugespitzten Griffel, dessen Basis wulstartig verbreitert erscheint. Diese Verbreiterung der Griffelbasis ist auch an der Abb. 64 zu sehen. Die Narbe wird von großen, langgestreckten Papillen gebildet. An dieser Stelle sei auch das Auftreten von Nektardrüsen innerhalb der Blumenkronröhre erwähnt. Sie sind an der Stelle zu finden, an welcher die Kronröhre etwas abgeflacht ist, und zwar nur unmittelbar über dem unterständigen Fruchtknoten. Die Nektardrüsen sind langgestreckte, köpfchen- oder keulenförmig erweiterte Zellen, die ein vakuolenreiches Plasma und verschieden große Kerne enthalten. Die zwischen diesen langgestreckten Papillen stehenden Epidermiszellen erscheinen zottig verlängert. Eine feine Cuticula überzieht die Köpfchen der Nektardrüsen und die Epidermiszellen (Abb. 65). Über das Vorkommen eines Sekretgewebes innerhalb der Familie der *Caprifoliaceae* liegt eine ausführliche Behandlung in einer Arbeit von FELDHOFEN III (1932) vor.

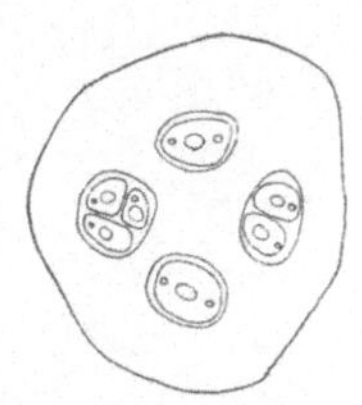

Abb. 62. *Symphoricarpus racemosus*. Querschnitt durch den vierfächrigen Fruchtknoten. (Vergr. 20fach)

In der Nähe der Gefäßbündel der Corollblätter, des Griffels und des Fruchtknotens treten langgestreckte, spitz zulaufende, vielkernige Zellen

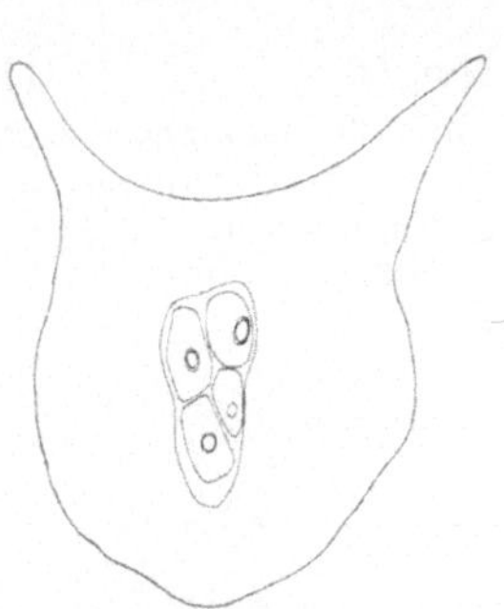

Abb. 63. *Symphoricarpus racemosus*. Steriles Fach. (Vergr. 12fach)

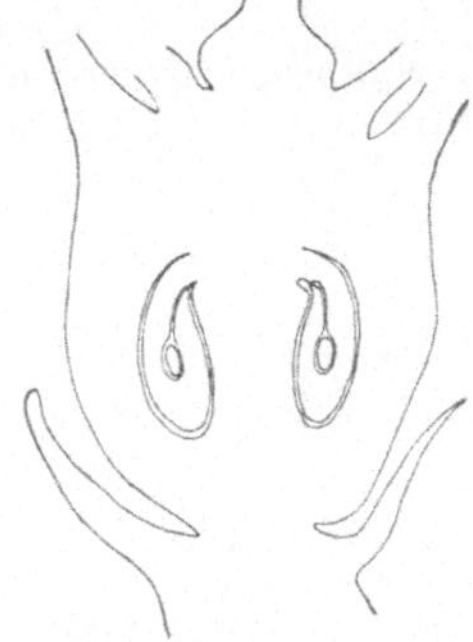

Abb. 64. *Symphoricarpus racemosus*. Fertile Fächer. (Vergr. 12fach)

auf. Vielleicht sind es gerbstoffführende Zellen, jedenfalls scheint die Vermutung von PERSIDSKY (1939), daß es sich hierbei um abnormale Embryosäcke handle, ähnlich derer von *Viburnum*, unzutreffend. Es ist wohl nicht wahrscheinlich, daß in den Corollblättern Embryosäcke auftreten.

### Die fertile Samenanlage

Die Samenanlage von *Symphoricarpus racemosus* ist unitegmisch und fast tenuinuzellat, denn unter der Nuzellusepiedermis treten seitlich

von der Embryosackmutterzelle noch einige wenige andere Zellen auf,
die jedoch frühzeitig zugrunde gehen (Abb. 66). Das Integument erscheint
in diesem Stadium noch nicht in der
Mikropylargegend geschlossen. Es besteht noch ein weit offener Kanal, der
sich erst allmählich durch ein stärkeres
Wachstum des Integuments schließt.

Bei *Symphoricarpus racemosus* fand
ich ein ziemlich
reiches Material
von der Ar-
chesporzelle bis
zur Embryo-

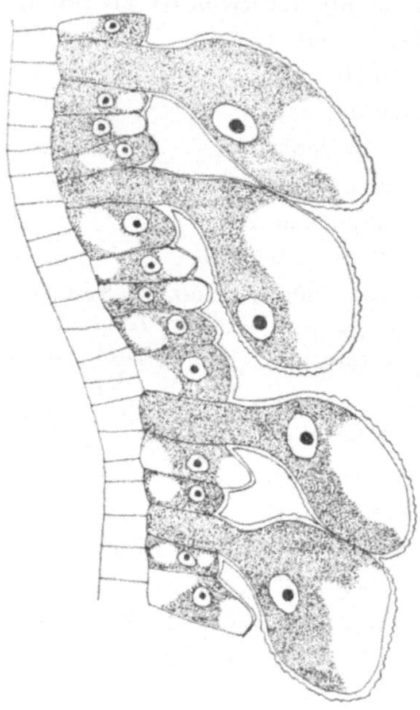

Abb. 65. *Symphoricarpus racemosus*. Nektardrüsen der Kronröhre. (Vergr. 360fach)

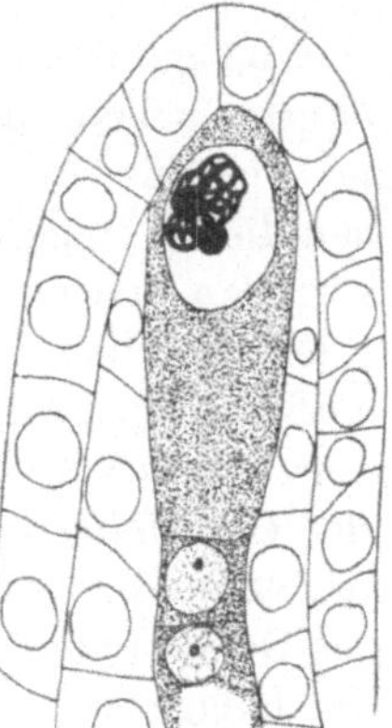
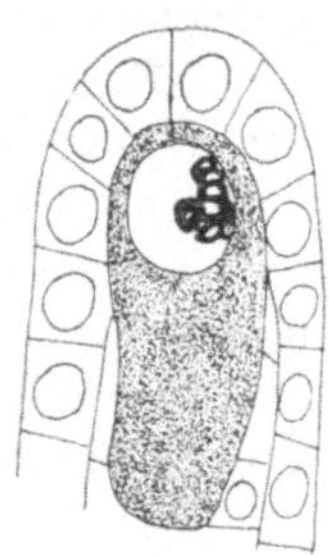

Abb. 66         Abb. 67

Abb. 66 und 67. *Symphoricarpus racemosus*. Fertile Samenanlage mit Embryosackmutterzelle in Synapsis.
(Vergr. 420fach)

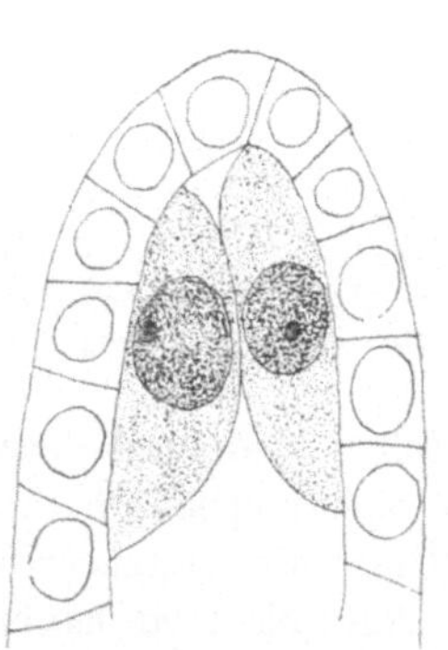
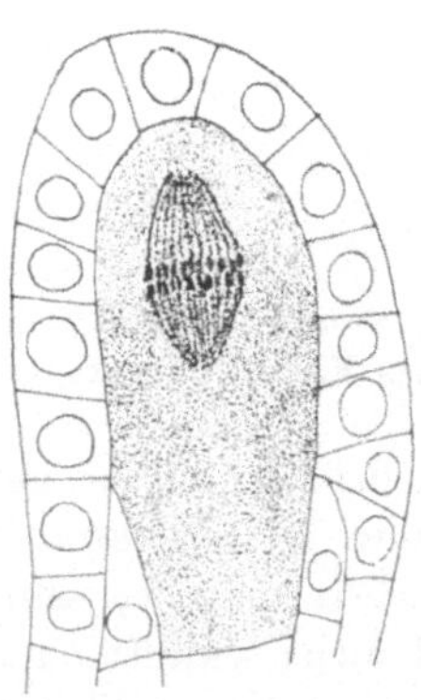

Abb. 68. *Symphoricarpus racemosus*.
Fertile Samenanlage mit zwei Em-
bryosackmutterzellen.
(Vergr. 420fach)

Abb. 69. *Symphoricarpus racemosus*.
Fertile Samenanlage mit Embryo-
sackmutterzelle in Metaphase.
(Vergr. 420fach)

sackentwicklung an. Es lassen sich die Abb. 66, 67, 68, 69, 70, 71, 72 ungezwungen zu einer normalen Entwicklungsreihe zusammenstellen. Die Samenanlagen zeigen meistens eine, seltener zwei primäre Archespor-

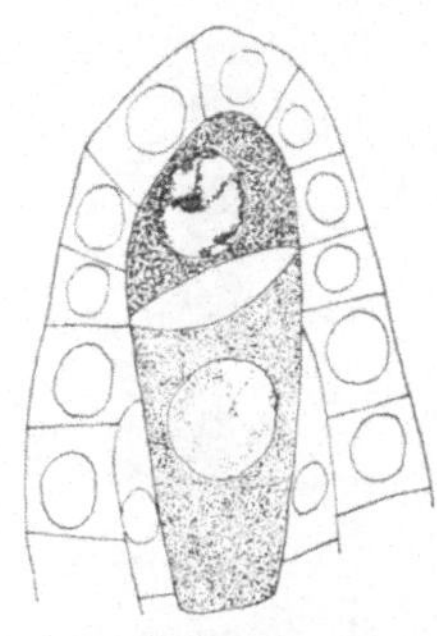

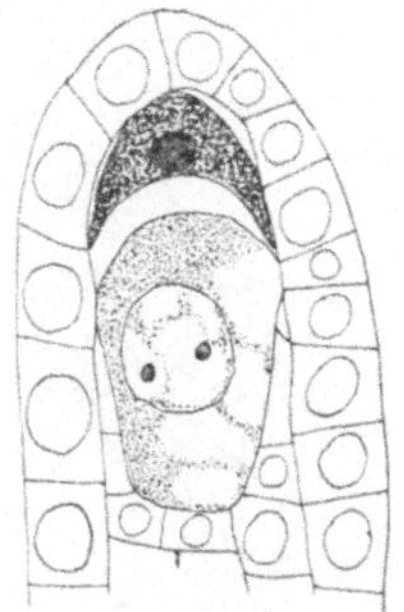

Abb. 70                                        Abb. 71

Abb. 70 und 71. *Symphoricarpus racemosus.* Fertile Samenanlage mit Dyade.
(Vergr. 420fach)

zellen, die keine Deckzelle abgeben. So zeigt z. B. die Abb. 66 eine mikropylar gelegene Embryosackmutterzelle, deren Kern sich im Stadium der Synapsis befindet. Unter dieser langgestreckten Embryosackmutter-

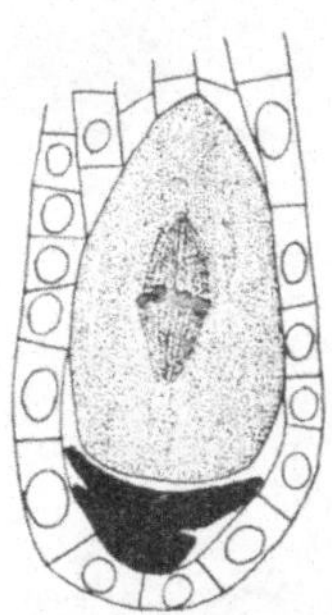

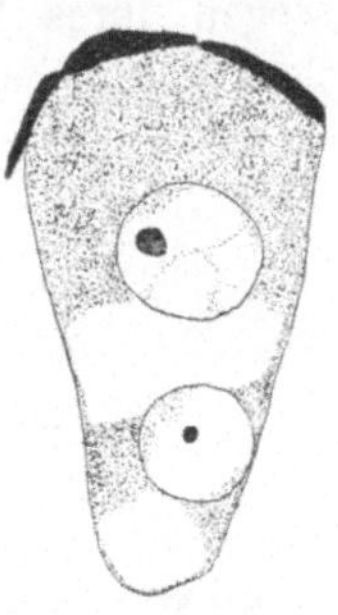

Abb. 72. *Symphoricarpus racemosus.*        Abb. 73. *Symphoricarpus racemosus.*
Fertile Samenanlage mit Tetrade.            Zweikerniger Embryosack.
(Vergr. 420fach)                            (Vergr. 420fach)

zelle sind noch deutlich zwei Archesporzellen zu sehen, von denen die eine unter ihrem Kern eine große, runde Vakuole aufweist.

Die Embryosackmutterzelle macht eine normale Tetradenbildung durch, nur mit der Besonderheit, daß meistens durch Degeneration der oberen Dyade eine „Reihe von drei" Makrosporen hervorgeht (Abb. 69—72). Die Abb. 73 scheint doch darauf hinzudeuten, daß sich bisweilen auch die obere Dyade teilt, denn diese Abbildung zeigt einen

zweikernigen Embryosack und darüber auseinandergeschoben drei
Reste von degenerierenden Zellen, die wahrscheinlich Makrosporenreste
sind. Zwei Embryosackmutterzellen (Abb. 68) nebeneinanderliegend sind

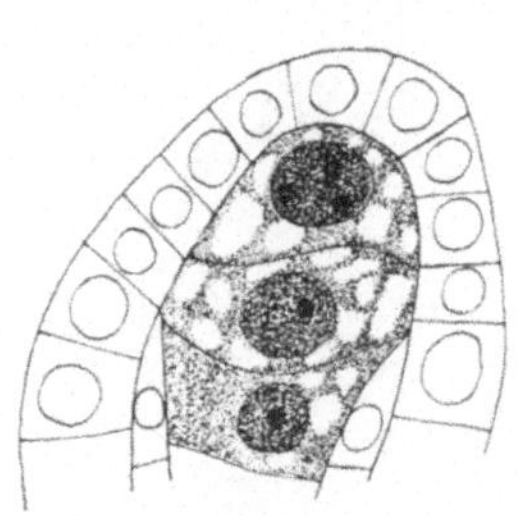
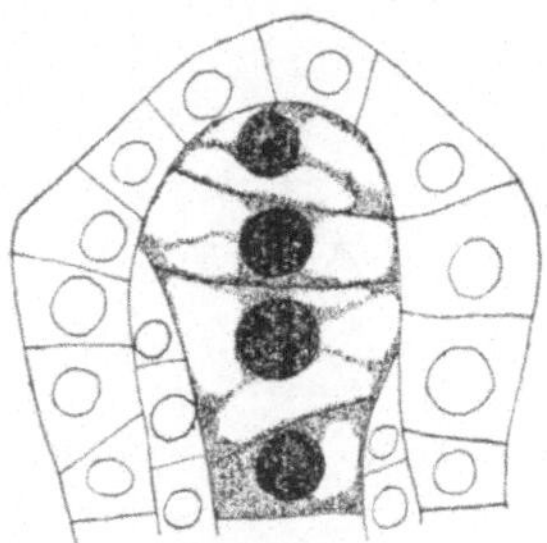

Abb. 74                                    Abb. 75

Abb. 74 und 75. *Symphoricarpus racemosus*. Fertile Samenanlage mit zen-
traler Zellreihe. (Vergr. 400fach)

höchst selten zu sehen. Ich fand sie nur ein einziges Mal und ihre Kerne
zeigten noch keine Anzeichen einer Meiosis.

In diese normale Entwicklungsreihe jedoch passen mir die in Abb. 74
und 75 dargestellten Stadien nicht herein. Für übereinanderliegende
Archesporzellen kann man diese
Zellreihe wegen ihres Reichtums
an Vakuolen nicht halten. Für

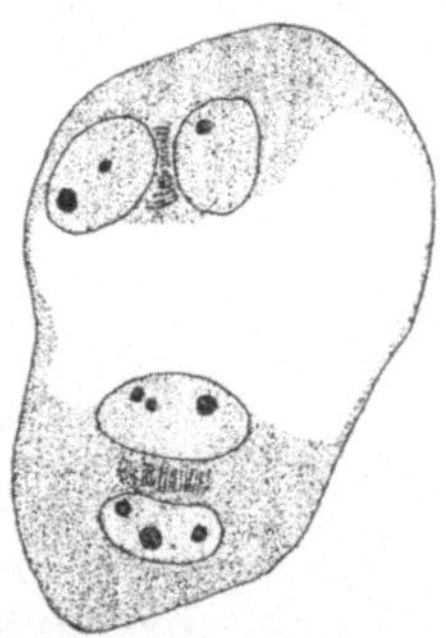
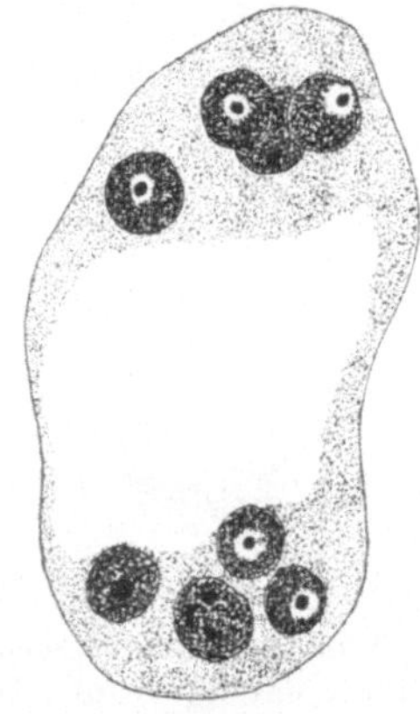

Abb. 76. *Symphoricarpus racemosus*.          Abb. 77. *Symphoricarpus racemosus*.
Vierkerniger fertiler Embryosack.          Achtkerniger fertiler Embryosack.
(Vergr. 420fach)                              (Vergr. 420fach)

Tetraden kann man sie aber auch nicht gut erklären, weil an ihnen
keine Andeutung einer Auslese der fungierenden Makrospore zu erkennen
ist. Vielleicht kommt es bei *Symphoricarpus racemosus* in vereinzelten
Fällen vor, daß unter diesen Umständen die Embryosackmutterzelle
fertiler Samenanlagen nicht den normalen Weg zur Bildung eines ha-

ploiden Embryosackes einschlägt, sondern eine abweichende Entwicklung durchmacht. Ob diese zur Ausbildung eines embryosackartigen Gebildes führt, kann ich nicht feststellen.

Der Kernteilungsschritt vom zweikernigen zum vierkernigen Embryosack war niemals zu sehen. Die Abb. 76 zeigt einen vierkernigen Embryosack, zwischen dessen mikropylaren und chalazalen Kernpaaren noch Reste der Spindelfasern liegen. Die Spindel des mikropylaren Kernes lag, nach den Resten der Fasern zu schließen, senkrecht zur Nuzellusachse und die des chalazalen Kernes parallel zur Nuzellusachse. Im fertigen vierkernigen Embryosack liegen die mikropylaren Kerne stets nebeneinander, die chalazalen Kerne immer übereinander. Die Kerne sind in diesem Falle ungleich groß und enthalten mehrere Kernkörperchen. Zwischen den Embryosackpolen liegt eine große Vakuole. Auch sind in diesem Stadium die zusammengedrückten Makrosporen verschwunden.

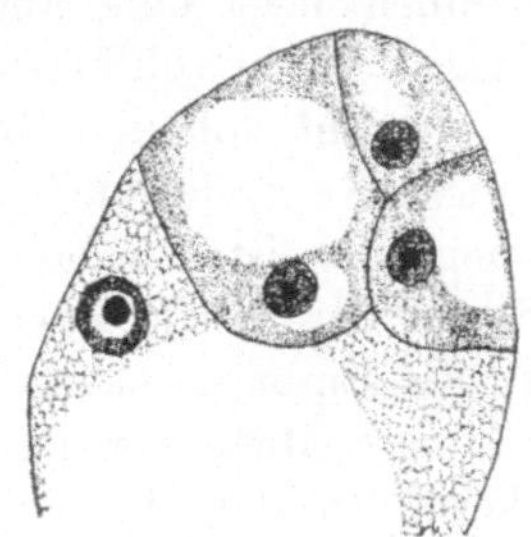

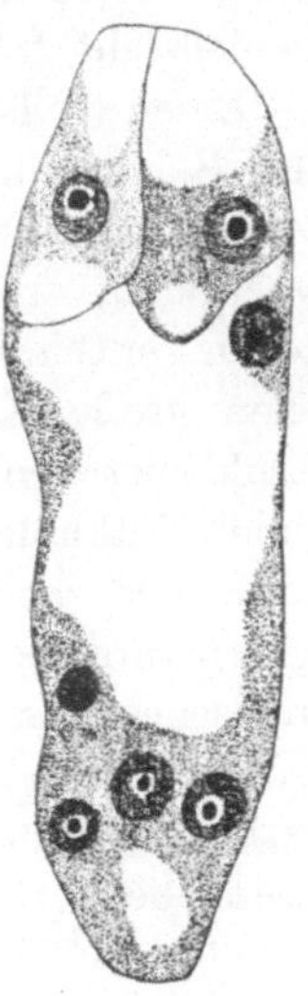

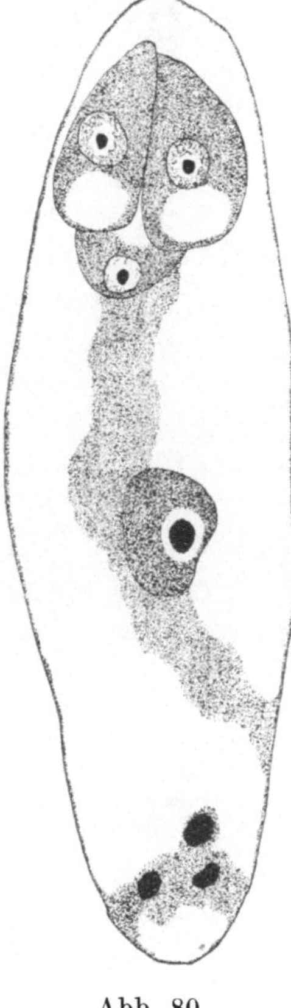

<table>
<tr><td>Abb. 78. Symphoricarpus race-<br>mosus. Eiapparat. (Vergr.<br>420fach)</td><td>Abb. 79</td><td>Abb. 80</td></tr>
<tr><td></td><td colspan="2">Abb. 79 und 80. Symphoricarpus racemosus.<br>Fertiger Embryosack. (Vergr. 400fach)</td></tr>
</table>

Auch der nächstfolgende, zum achtkernigen Embryosack führende Teilungsschritt fehlt mir. Ich fand nur fertige achtkernige Embryosäcke. In diesen sind die Kerne der beiden Vierergruppen in einer Plasmapartie verstreut. Je drei Kerne liegen enger beisammen, während der vierte Kern etwas abgerückt erscheint. Die Mitte des Embryosackes enthält eine große Vakuole (Abb. 77).

In allen beobachteten Präparaten war zu sehen, daß eine Zellbildung nur für die mikropylare Vierergruppe erfolgt war. Der Eiapparat wies stets deutlich abgegrenzte Zellen auf, während den Antipoden eine Zellbegrenzung fehlte.

Abb. 78 zeigt einen Eiapparat, dessen große Eizelle seitlich angeheftet
ist. Die beiden kleineren Synergiden legen sich der inneren Nuzelluswand

an. In dem Plasma des Embryosackes liegt nahe
der Eizelle der eine Polkern.

Ein anderes Präparat (Abb. 79) zeigt die drei
freien Antipodenkerne, von denen der untere
Polkern etwas abgerückt erscheint. Von dem Eiapparat sind in diesem Falle nur die beiden
Synergiden zu sehen und der zweite Polkern in
der Plasmaschicht der Embryosackwand.

Hinsichtlich der Antipoden wäre zu sagen,
daß sie wiederholt überhaupt nicht zu sehen
waren. Diese Beobachtung läßt vermuten, daß
sie vielleicht frühzeitig zugrunde gehen.

Einen vollständigen Embryosack einer fertilen Samenanlage zeigt die Abb. 80. Der Eiapparat besteht aus großen Zellen. Die beiden
Synergiden, welche die Eizelle zum Teil verdecken, enthalten ungefähr in der Mitte ihrer
Zellen große Kerne mit je einem zentrischen
Kernkörperchen, unter ihnen liegt eine abgerundete Vakuole. Die übrige Zelle ist voll Plasma.
Die Eizelle enthält in dem nicht von den Synergiden verdeckten Teil ihren Kern, der auch ein
zentrisches Kernkörperchen aufweist. Ein breiter
Plasmastrang zieht sich von der Eizelle nahezu
durch die ganze Länge des Embryosackes. In
diesem liegt ungefähr in der Mitte der große
sekundäre Embryosackkern. In der chalazalen
Plasmapartie des Embryosackes sind die Antipoden als zusammengeschrumpfte schwarze Kerne
zu sehen.

Die Untersuchungen älterer Fruchtknoten
von *Symphoricarpus racemosus* wurden dadurch
erschwert, daß die Fixierung mangelhaft war.
Die Embryosäcke erwiesen sich als stark zusammengedrückt oder verknittert und daher konnten
mir nur ganz wenige brauchbare Bilder über

Abb. 81. *Symphoricarpus racemosus*. Junges
Endosperm. (Vergr.
360fach)

die weitere Entwicklung des Embryosackes Aufschluß geben.

Hinsichtlich der Endospermbildung gibt HEGELMAIER (1885, 1886)
für *Symphoricarpus racemosus* eine Endospermbildung nach dem nuklearen

Typus an. Es sollen nach HEGELMAIER in einem dünnen, schlauchförmigen Protoplasten des spindeligen Keimsackes die ersten Kernverdopplungen erfolgen. Mit der Wiederholung der Kernteilungen soll ein Heranwachsen des Plasmakörpers Hand in Hand gehen und Plasmaplatten und Plasmastränge sollen den engen Raum des Keimsackes allmählich durchziehen. Diese Plasmaplatten sollen später zu wirklichen Zellmembranen werden. Aus folgenden Beobachtungen geht jedoch eine andere Bildungsweise des Endosperms hervor. Ein Präparat (Abb. 81) eines verhältnismäßig gut fixierten Keimsackes zeigte mir die erste schon durchgeführte Teilung des sekundären Embryosackkernes. Dieser dürfte sich durch eine zur Nuzellusachse parallel stehende Spindel geteilt haben, nach der zwischen

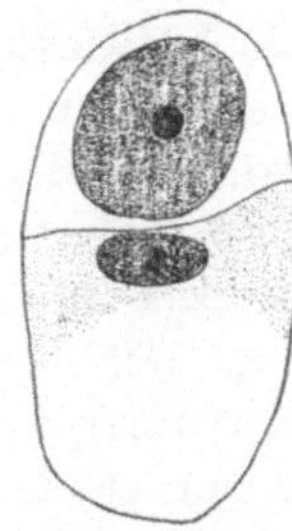

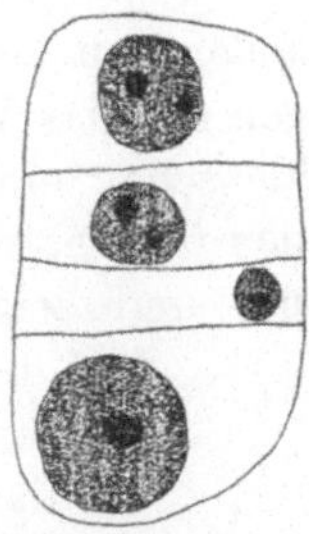

Abb. 82. *Symphoricarpus racemosus.* Zweizelliger Proëmbryo. (Vergr. 400fach)

Abb. 83. *Symphoricarpus racemosus.* Vierzelliger Proëmbryo. (Vergr. 400fach)

den beiden ersten Endospermkernen deutlich quergestellten Zellmembran zu schließen. Die Teilung des sekundären Embryosackkernes erfolgt also unter Bildung einer deutlichen Zellwand. Diese teilt den langgestreckten Embryosack in zwei nahezu gleich große Hälften, in denen die beiden Endospermkerne nahe den Polen des Embryosackes liegen.

Die mikropylare Hälfte weist eine langgestreckte Eizelle auf, in welcher der Eikern von dunkelgefärbten Inhaltskörpern, deren Natur mir unbekannt ist, umgeben wird. Der Eizelle benachbart liegt ein schwarzes, zusammengeschrumpftes Gebilde: eine der Synergiden oder beide. Dies ist nicht deutlich zu erkennen. Nahe unter der Eizelle hängt der junge Endospermkern, der durch Plasmafäden mit den Embryosackwänden verbunden ist. In der chalazalen Region des Embryosackes ist der andere Endospermkern zu sehen. Er enthält, wie sein Tochterkern, mehrere Kernkörperchen und steht mit dem Plasmabelag der Embryosackwand in Verbindung. Die erste Endospermwand weist ebenso einen dünnen Plasmabelag auf. Verschiedene andere Präparate von *Symphoricarpus racemosus* zeigten in ihren Embryosäcken ähnliche Bilder. In allen war aber die Eizelle noch ungeteilt. Es geht daraus hervor, daß die Endospermbildung der Embryobildung vorauseilt. Denn erst bei Embryo-

säcken, welche ein reichliches Endosperm auswiesen, konnte ich auch die
ersten Teilungsbilder der Eizelle sehen. Ohne daß eine besondere Gestalt-
veränderung der Eizelle zu beobachten gewesen wäre, werden Eikern
und Eizelle quergeteilt. Beide Zellen, wie ihre Kerne, sind ungleich groß
(Abb. 82). In einem anderen Präparat war die schon erfolgte Vierteilung,
also der vierzellige Proëmbryo zu sehen. Auch seine Zellen und Kerne
sind ungleich groß (Abb. 83). Leider ergaben sich über die weitere Entwicklung des Proëmbryos wegen der schlechten Fixierung keine Beobachtungen. Nach einer Angabe von BILLINGS (1901) soll der reife Samen
von *Symphoricarpus racemosus* die Höhlung des Fruchtknotens ganz
ausfüllen.

Die sterile Samenanlage

Anschließend an meine Ausführungen über die Entwicklung fertiler
Samenanlagen soll das Verhalten der sterilen Samenanlagen beschrieben
werden. Wie schon eingangs an dieser Art erwähnt, sind die sterilen
Samenanlagen innerhalb ihrer beiden Fächer in zwei Reihen angeordnet
(vgl. Abb. 63) und zeigen den nämlichen anatropen, unitegmischen,
fast tenuizellaten Bau. FAMILLER (1896) gibt für die
sterilen Samenanlagen von *Symphoricarpus racemosus*
an, daß sie normal gebaut, aber nur etwas kleiner als
die fertilen Samenanlagen seien, daß ihre Funikuli
weniger stark entwickelt seien und so vielleicht eine
weniger große „Anziehung" ausgeübt werde.

Abb. 84. *Symphoricarpus racemosus*. Zwei sterile Fächer mit vertrockneten Samenanlagen. (Vergr. 12fach)

Tatsächlich ergaben die Beobachtungen hinsichtlich
der Entwicklung steriler Samenanlagen keinerlei Unterschiede gegenüber der Entwicklung fertiler Samenanlagen. Sie legen, kurz zusammengefaßt, ein bis zwei
primäre Archesporzellen an. Die Archesporzelle wird,
ohne eine parietale Zelle abzugliedern, zur Embryosackmutterzelle. Diese durchläuft eine erste und zweite
Reifungsteilung, durch welche sich eine Reihe von drei
Makrosporen ergibt. Durch drei Teilungsschritte wird die
fungierende Makrospore, wie es auch bei fertilen Samenanlagen zu beobachten ist, zum achtkernigen Embryosack. Für diesen erfolgt die Zellbildung
nur in der mikropylaren Vierergruppe, wodurch der Eiapparat abgegrenzt
wird. In der chalazalen Vierergruppe bleiben die Antipodenkerne, ohne eine
Zellbildung erfahren zu haben, als freie Kerne zu sehen. Die ganze
Entwicklung vollzieht sich demnach in allen Einzelschritten in derselben
Weise wie bei den fertilen Samenanlagen. Sobald aber in den fertilen
Samenanlagen Endospermstadien zu sehen waren, konnte ich in den
sterilen Samenanlagen Bilder beobachten, die wie vertrocknete Embryosäcke aussahen. Die einzelnen Embryosäcke erschienen zusammen-
geschoben und von ihrem Inneren war nahezu nichts mehr zu erkennen.

Schließlich findet man in den sterilen Fächern Gebilde, die geschrumpft und im Inneren schwarz gefärbt sind (Abb. 84). Daß aber die steril gebliebenen Samenanlagen etwa aufgelöst werden, wie es bei *Viburnum* oder *Sambucus* der Fall ist, war nie zu beobachten. Sie waren immer noch als vertrocknete Samenanlagen innerhalb der sterilen Fächer zu sehen, auch in den Präparaten, in welchen ein Proembryo zu finden war. Sie sollen, wie FAMILLER (1896) angibt, auch in der heranreifenden Frucht erhalten bleiben. Vielleicht ist die Sterilität dieser mehrere Samenanlagen enthaltenden Fächer schon von vornherein bedingt. Es ist jedenfalls merkwürdig, daß diese Samenanlagen eine so wohl ausgeführte Entwicklung erfahren und doch nicht befruchtet werden.

## Der männliche Gametophyt von *Symphoricarpus racemosus*

Die Antherenwand besteht aus vier Zellschichten, von denen die Tapetenschicht, ihrer Funktion als Nährschicht entsprechend, am auffallendsten ihr Aussehen verändert. Für die Tapetenzellen wird von SCHNARF (1929, S. 36) angegeben, daß ihre Proto-plasten aus den Zellen treten und zwischen die Pollen-körner eindringen. Im folgenden sollen dieser Angabe meine Beobachtungen zur Seite gestellt werden. Zur Zeit, da die Pollenmutterzellen noch in Ruhe verharren, besteht die Epidermis und die subepidermale Zellschicht aus plasmaarmen, kleinkernigen Zellen, und in der Mittelschicht sind die Zellen stark zusammengedrückt. Das Antherentapetum zeigt Zellen, die ein vakuolenreiches Plasma und große Kerne enthalten. Kernteilungen waren in den Tapeten-zellen nicht zu sehen, auch bildet das Tapetum in diesem Stadium eine noch nahezu zusammenhän-gende Zellschicht (Abb. 85). Unmittelbar nach den ersten Teilungen der Pollenmutterzellen aber werden die Tapetenzellen amöboid. Sie lösen ihre Wände auf und ergießen ihren großkernigen Inhalt in das Innere der Anthere. Die bereits einkernigen Pollenkörner liegen nun allseitig von einem Periplasmodium um-geben in dem Anthereninneren. Das Periplasmodium enthält zahlreiche größere und kleinere Vakuolen (Abb. 86). Zur Zeit, da der generative Kern im Pollen-korn gebildet wird, beginnt sich das Periplasmodium

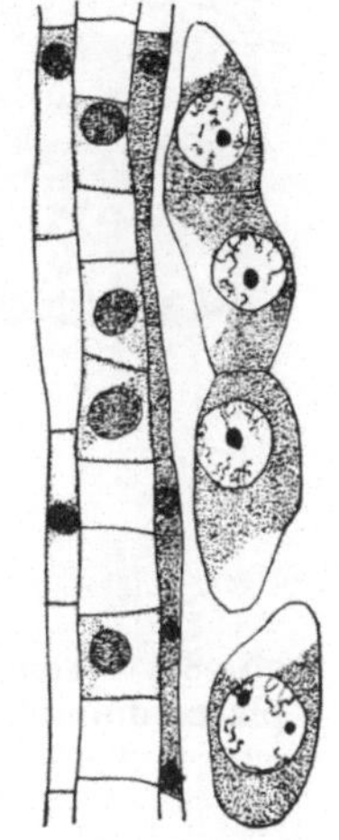

Abb. 85. *Sympho-ricarpus racemo-sus.* Antherenta-petum im Stadi-um der Pollen-mutterzellen. (Vergr. 500fach)

allmählich aufzulockern, und schließlich ist es nur mehr in Fetzen zwischen den einkernigen Pollenkörnern zu sehen. Gleichzeitig mit der Periplas-modiumbildung geht eine Vergrößerung der Epidermiszellen und eine Quer-streckung der subepidermalen Schicht vor sich. Die Mittelschicht erscheint nur mehr als ein dunkelgefärbter, der subepidermalen Zellschicht anliegender Streifen.

Von einer ausführlichen Beschreibung der Pollenkornentwicklung sehe ich ab, da diese schon eingangs an der Art *Sambucus nigra* beschrieben wurde und sich bei *Symphoricarpus* in nämlicher Weise vollzieht. Genauer jedoch sollen die zweikernigen und dreikernigen Pollenkörner beschrieben werden. Ihre Färbung wurde mit Karminessigsäure durchgeführt. Sie erfolgte rasch und gut und ließ die generative Zelle, bzw. die beiden Spermazellen deutlich hervortreten. Der vegetative Kern blieb meist ungefärbt. Die generative Zelle des zweikernigen Pollenkornes ist spindelförmig in die Länge gestreckt, wobei die beiden Enden ungleich zugespitzt sind. Sie enthält ungefähr in der Mitte den runden generativen Kern (Abb. 87, Fig. *a*).

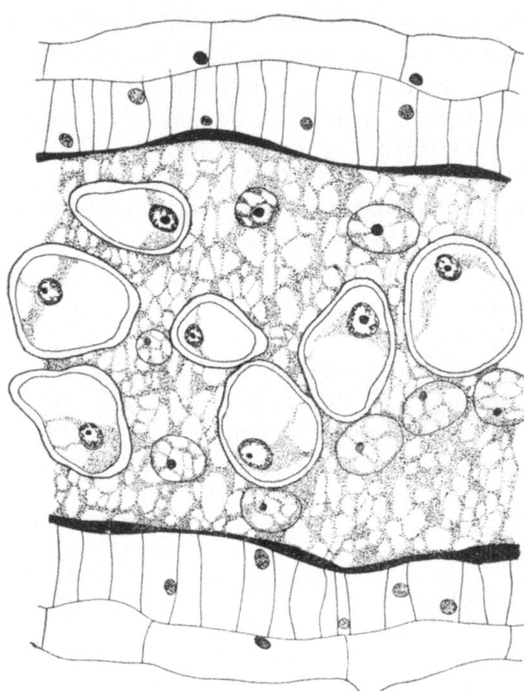

Abb. 86.   *Symphoricarpus  racemosus.*  Periplasmodiumbildung des Antherentapetums. (Vergr. 440fach)

Durch die zweite, nur den generativen Kern betreffende Kernteilung entstehen zwei Spermakerne. An einem Präparat (Abb. 87, Fig. *b*) war der generative Kern in Metaphase zu sehen, die generative Zelle wies zwei lang ausgezogene Spitzen auf. Nach erfolgter Kernteilung rücken die beiden Spermakerne auseinander und liegen in einer mondsichelförmig gebogenen, großen, noch ungeteilten, generativen Zelle (Abb. 87, Fig. *c*). Nun beginnt sich die generative Zelle zwischen den beiden Kernen einzubuchten, bis endlich die völlige Abschnürung erfolgt (Abb. 87, Fig. *d* und *e*). Die beiden ungleichmäßig geformten Spermazellen liegen zunächst noch nebeneinander und sind leicht zueinander gekrümmt (Abb. 87, Fig. *f*). Alsbald aber nehmen sie ihre endgültige Form an, indem sie an einem Ende breiter zugespitzt, am anderen lang ausgezogen sind. Der runde Kern liegt immer in der Zellmitte (Abb. 88). Außerdem war im Plasma der vegetativen Zelle stets ein Inhaltskörper unbekannter Natur zu sehen. Er war etwas dunkler gefärbt als das Plasma und deutlich abgegrenzt. Es handelte sich aber nicht um den vegetativen Kern selbst.

Die Exine zeigte eine gleichmäßige Faltung oder Riefung, die an drei Stellen unterbrochen wird, an welchen die Exine etwas mehr von der Intine abgehoben wird. Der Inhalt der Pollenkörner wurde öfters durch eine allzu starke Quellung zum Austritt veranlaßt. Für das reife Pollenkorn von *Symphoricarpus racemosus* ist somit Dreikernigkeit wie das Auftreten von Spermazellen festgestellt.

Bei der Untersuchung der fixierten *Lonicera*-Arten, das sind *Lonicera caprifolium, involucrata, pileata* und *pyrenaica*, hat sich ergeben, daß die Samenanlagen in ihrem Bau und ihrer Entwicklung bei allen vier Arten dasselbe Verhalten zeigen. Ich führe

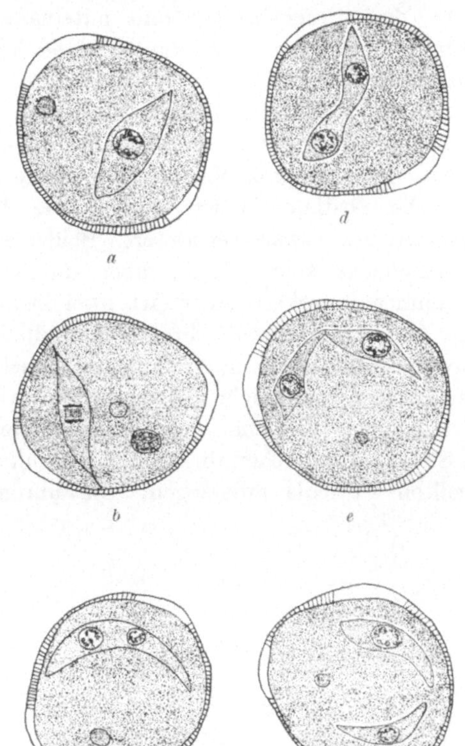

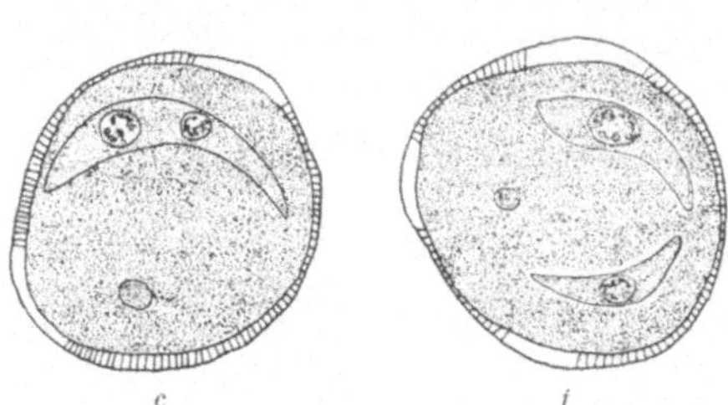

Abb. 87        Abb. 88

Abb. 87 und 88. *Symphoricarpus racemosus.* Zwei- und dreikernige Pollenkörner. (Vergr. 500fach)

daher nur an der Art, die mir die vollständigsten Beobachtungen ermöglichte, die Entwicklung der Samenanlage aus. Diese ergaben sich an *Lonicera pyrenaica.* Die abweichenden Unterschiede der anderen Arten sollen an den Schluß gestellt werden.

### Der weibliche Gametophyt von *Lonicera pyrenaica, involucrata, caprifolium* und *pileata*

Der Fruchtknoten von *Lonicera pyrenaica* ist dreifächrig. Die einzelnen Fächer sind jedoch nicht gleich groß. Jedes Fach enthält mehrere

anatrope Samenanlagen. Es können in einem Fach zwei bis fünf Samenanlagen vorkommen. Abb. 89 zeigt einen quergeschnittenen älteren
Fruchtknoten, dessen drei Fächer zwei und drei Samenanlagen enthalten.

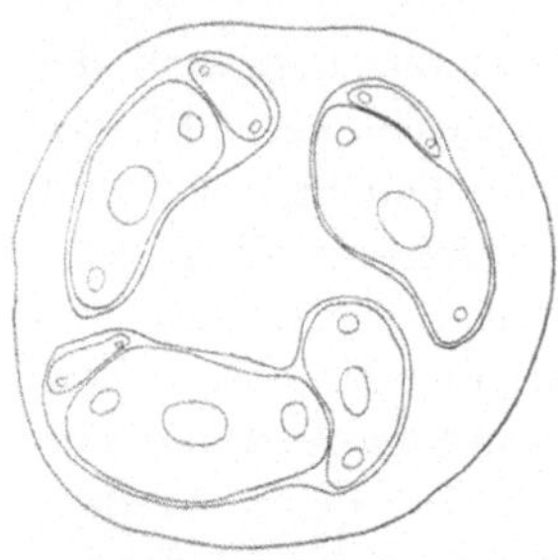

Abb. 89. *Lonicera pyre-
naica.* Querschnitt durch
den dreifächrigen
Fruchtknoten.
(Vergr. 14fach)

Abb. 90 zeigt zwei Fächer mit drei bzw.
zwei anatropen Samenanlagen.

Die drei Fruchtblätter sind miteinander
vollständig verwachsen und bilden einen lang
ausgezogenen, schmalen Griffel, dessen Narbe
ungefähr im Stadium der fertigen Embryosäcke
breite papillenreiche Lappen aufweist. An der
Griffelwand sind langabstehende, feine Haare zu
sehen. Die Griffelbasis ist ähnlich wie bei
*Symphoricarpus* etwas verbreitert. Beiderseits
der Griffelbasis sind häufig, aber durchaus
nicht immer innerhalb einer Art zwei kleine,
lappige Anhängsel zu beobachten. Innerhalb der
Kronröhre, über dem unterständigen Fruchtknoten, treten zahlreiche Nektardrüsen auf.
Es sind dies langgestreckte, einzellige Keulchen, die einseitig dem
Blütengrund zugewendet sind. Stiel und Köpfchen dieser keulenförmigen
Papillen sind von einer gewellten Cuticula überzogen. Die übrigen

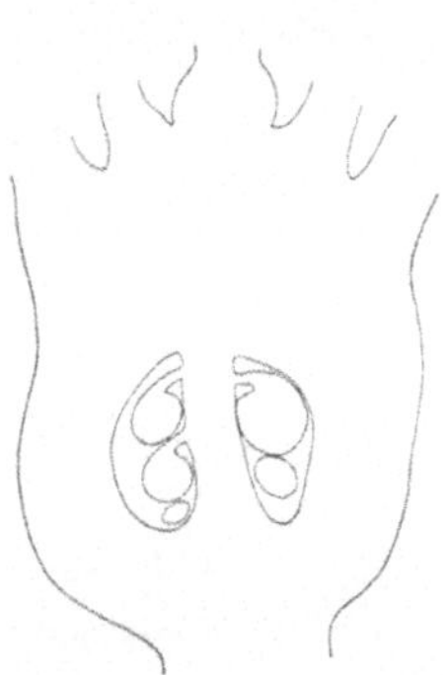

Abb. 90. *Lonicera pyrenaica.* Längsschnitt durch den Fruchtknoten.
(Vergr. 14fach)

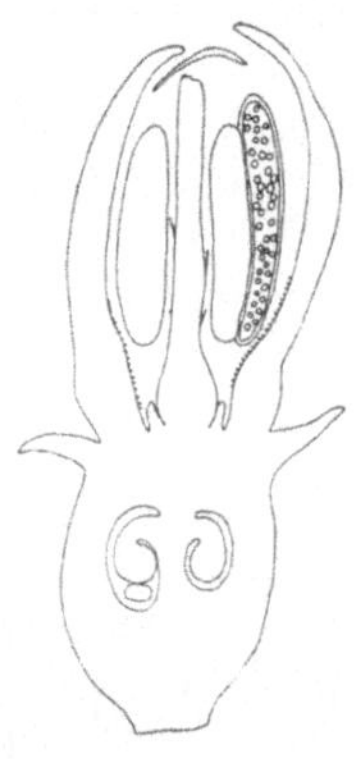

Abb 91. *Lonicera pyrenaica.* Blütenlängsschnitt. (Vergr. 14fach)

Epidermiszellen haben in dieser Region ein zottiges Aussehen. An einem
Blütenlängsschnitt (Abb. 91) sollen die verbreiterte Griffelbasis, beiderseits von ihr die lappigen Anhängsel und die Nektardrüsen der Corollblätter gezeigt werden. Letztere sind deutlicher in der Abb. 92 zu
sehen.

Ich möchte an dieser Stelle auf eine Arbeit von E. FELDHOFEN

(1932) hinweisen, in welcher auch ein innerhalb verschiedener *Lonicera*-Arten vorkommendes Sekretgewebe behandelt wird.

Ferner war zu beobachten, daß ähnlich wie bei *Symphoricarpus racemosus* in der Umgebung der Gefäßbündel, in den Corollblättern, dem Griffel und dem Fruchtknoten langgestreckte, vielkernige Zellen vorkommen, für welche PERSIDSKY (1939) eine Deutung abnormer Embryosäcke angibt. Vielleicht handelt es sich hierbei um gerbstoffreiche Zellen.

Bevor ich nun im einzelnen auf meine Beobachtungen über die Entwicklung der Samenanlagen eingehe, möchte ich vorwegnehmend zur Erklärung folgendes sagen: Wie schon erwähnt, enthalten die drei Fächer des Fruchtknotens von *Lonicera pyrenaica* mehrere Samenanlagen. Bei einigen Samenanlagen tritt im Laufe der Entwicklung eine Vergrößerung ein, während die anderen Samenanlagen klein bleiben. Bei allen aber vollzieht sich die Entwicklung bis zur Befruchtung nach dem gleichen Typus. Nun zeigt sich, daß eine Befruchtung nur der durch starkes Wachstum vergrößerten Samenanlagen erfolgt, während die klein gebliebenen Samenanlagen unbefruchtet, also steril bleiben. In jungen Stadien der Entwicklung ist nicht zu erkennen, welche Samenanlagen steril bleiben und welche für eine Befruchtung in Betracht kommen.

Das jüngste Entwicklungsbild, welches die Samenanlage bot, war das der Embryosackmutterzelle. Ich muß wohl annehmen, daß das Wachstum der Samenanlagen sehr rasch vor sich geht, da schon sehr kleine Samenanlagen nur Embryosackmutterzellen aufwiesen. Nur vereinzelt war zu beobachten, daß unter der gewöhnlichen Embryosackmutterzelle sich noch eine Zelle befand, die vielleicht eine Archesporzelle darstellt (Abb. 93). Von der zur Weiterentwicklung ausersehenen Archesporzelle wird keine parietale Zelle abgegliedert, da mikropylar über der Embryosackmutterzelle nie eine Deckzelle zu sehen war. Daß bei *Lonicera*-Arten keine Deckzellen abgetrennt werden, gibt auch GIGER (1913) an. In den Embryosackmutterzellen, die stets durch ihre großen Kerne und ihr helles Plasma auffallen, waren nur selten Kernteilungsbilder

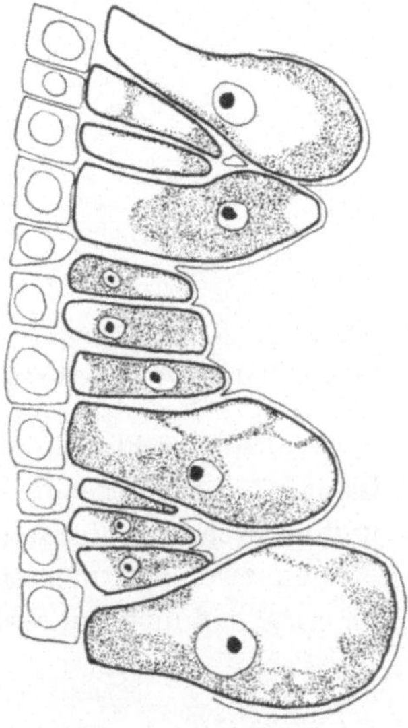

Abb. 92. *Lonicera pyrenaica*. Sekretgewebe. (Vergr. 360fach)

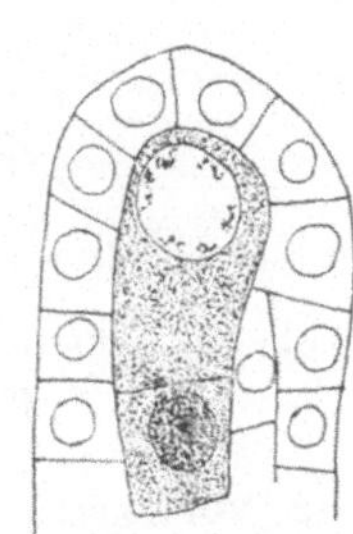

Abb. 93. *Lonicera pyrenaica*. Embryosackmutterzelle. (Vergr. 400fach)

zu sehen. Der ganze Entwicklungsablauf dürfte wohl, verglichen mit *Symphoricarpus*, viel rascher vor sich gehen. Meist zeigt die Embryosackmutterzelle eine kurze, gedrungene Gestalt (Abb. 94). Über dem Scheitel des Nuzellus hat sich zu diesem Zeitpunkt der Entwicklung das Integument

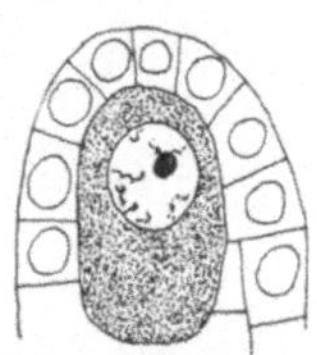

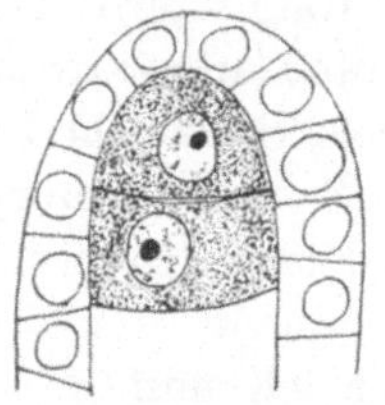

Abb. 94. *Lonicera pyrenaica*. Embryosackmutterzelle. (Vegr. 400fach)　　　Abb. 95. *Lonicera pyrenaica*. Dyade. (Vergr. 400fach)

noch nicht geschlossen und allmählich nur schließt sich der breite offene Kanal durch starkes Wachstum des Integuments. Die Samenanlage ist unitegmisch, tenuinuzellat. Die an der Embryosackmutterzelle erfolgenden zwei Reifungsteilungen dürften rasch vollzogen werden, da sie im einzelnen nicht zu sehen waren. So zeigte z. B. ein Präparat (Abb. 95)

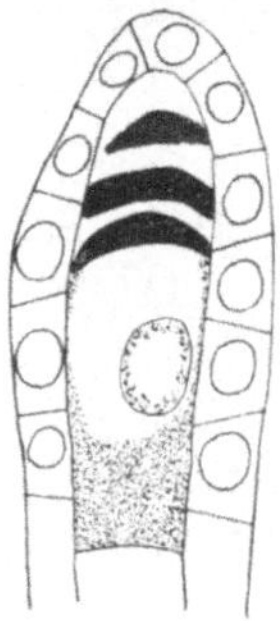

Abb. 96. *Lonicera pyrenaica*. Tetrade. (Vergr. 400fach)　　　Abb. 97. *Lonicera pyrenaica*. Zweikerniger Embryosack. (Vergr. 400fach)

die vollzogene erste Reifungsteilung der Embryosackmutterzelle, die Dyade. Beide fast gleich großen Zellen enthalten einen gleich stark gefärbten Protoplasten und gleich große, in Ruhe verharrende Kerne. Aus einem weiteren Präparat (Abb. 96) geht hervor, daß nach erfolgter zweiter Reifungsteilung von den vier Makrosporen der Tetrade die chalazale Makrospore weiterentwickelt wird, während die anderen Zellen zugrunde gehen und dem einkernigen Embryosack als drei schwarze Kappen aufsitzen. Aus diesem Bild geht auch der Typus der Embryosackentwicklung hervor, nämlich eine Entwicklung nach dem Normaltypus, wie sie auch in der Literatur von JÖNSSON (1879, 1880), GUIGNARD (1882a) und VESQUE (1878) angegeben wird.

Der einkernige Embryosack zeigt bei *Lonicera pyrenaica* eine größere mikropylare Vakuole, in welcher auch der Kern liegt. Es treten nun Kernteilungen ein, von denen ich den ersten Teilungsschritt bei *Lonicera pyrenaica* nicht fand. Der zweikernige Embryosack enthält zwischen seinen Kernen, die in einer mikropylaren und chalazalen Plasmapartie liegen, eine große Vakuole. Über dem Embryosack sind die zusammengedrückten Makrosporen noch sichtbar (Abb. 97). Auch der zum vierkernigen Embryosack führende Teilungsschritt war nicht zu sehen. Nach einem Präparat (Abb. 98) eines vierkernigen Embryosackes, in dem zwischen den beiden Kernpaaren noch Reste von Spindelfasern zu sehen waren, schließe ich, daß die Kernteilung nach einer zur Nuzellusachse schief stehenden Spindel vollzogen wurde. Verschiedene andere Präparate vierkerniger Embryosäcke zeigten in der Lage ihrer Kerne keine Konstanz. Sehr oft war unter den Kernen des chalazalen Poles eine kleine Vakuole zu sehen, ebenso enthält die Mitte des Embryosackes stets eine große Vakuole. Die Makrosporen über dem Embryosack sind verschwunden. Zwischen dem Stadium des zwei- und vierkernigen Embryosackes dürfte ein starkes Wachstum erfolgen.

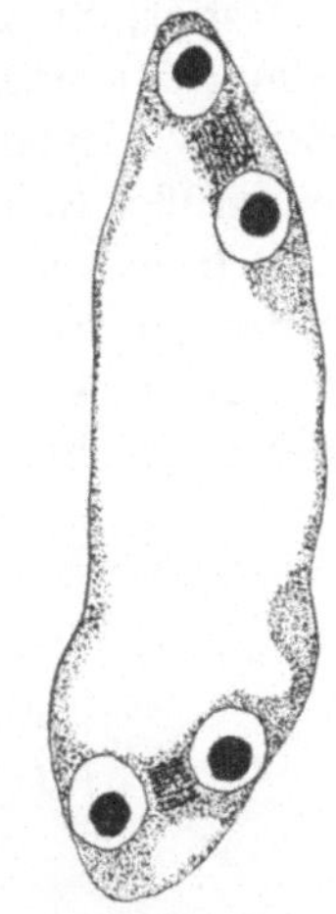

Abb. 98.
*Lonicera pyrenaica*. Vierkerniger Embryosack. (Vergr. 400fach)

Die Kernteilung zum achtkernigen Embryosack, wie den achtkernigen Embryosack selbst und die Zellbildung, die Eiapparat und Antipoden bildet, war nicht zu finden. In den vorliegenden Präparaten war eine Zellbildung nur für die mikropylare Vierergruppe erfolgt.

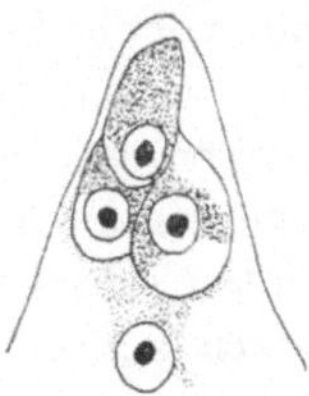

Abb. 99. *Lonicera pyrenaica*. Eiapparat. (Vergr. 400fach)

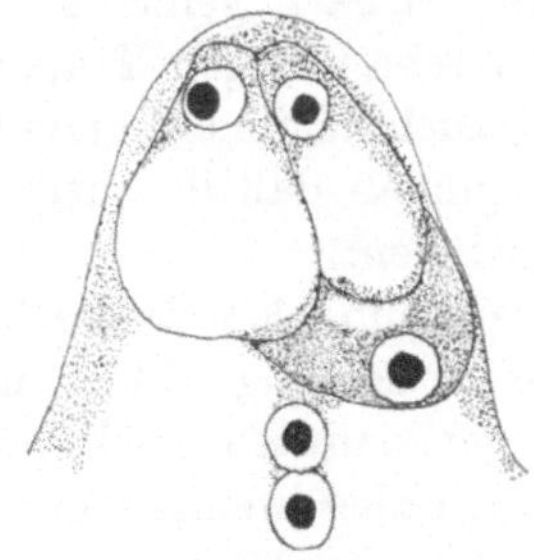

Abb. 100. *Lonicera pyrenaica*. Eiapparat. (Vergr. 400fach)

In einem Präparat (Abb. 99) ist ein junger Eiapparat zu sehen, in dem die beiden Synergiden etwas übereinander liegen, und seitlich von ihnen befindet sich die Eizelle. Unter der Eizelle der eine Polkern. In einem älteren Eipräparat (Abb. 100) liegen die zwei fast gleich großen Synergiden

nebeneinander. Ihre Kerne findet man mikropylar und unter ihnen eine
große Vakuole. Die langgestreckte Eizelle ist unter den Synergiden
befestigt, ihr Kern liegt chalazal unter einer kleinen, länglichen Vakuole.
Unter dem Eiapparat, ungefähr in der Mitte des Embryosackes, sind die
beiden aneinanderliegenden Polkerne zu sehen. An allen Kernen fällt
ein großer Nukleolus auf. Ein ähnliches Bild zeigt die Abb. 101.

In einem Embryosack, in dem schon die Befruchtung stattgefunden
hatte, zeigte der Eiapparat eine
langgestreckte, großkernige Eizelle,
deren Nachbarzellen, die beiden

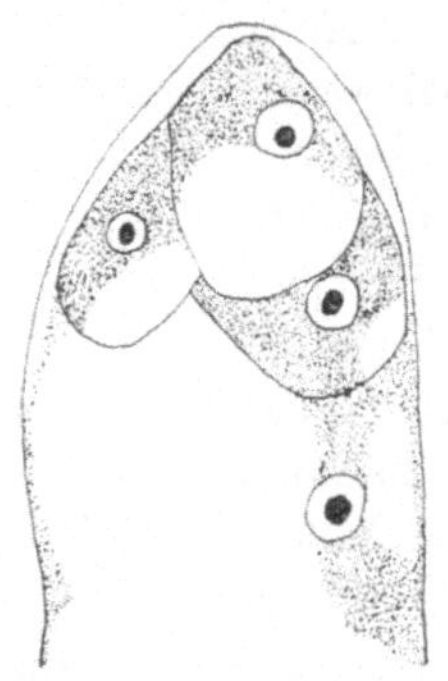

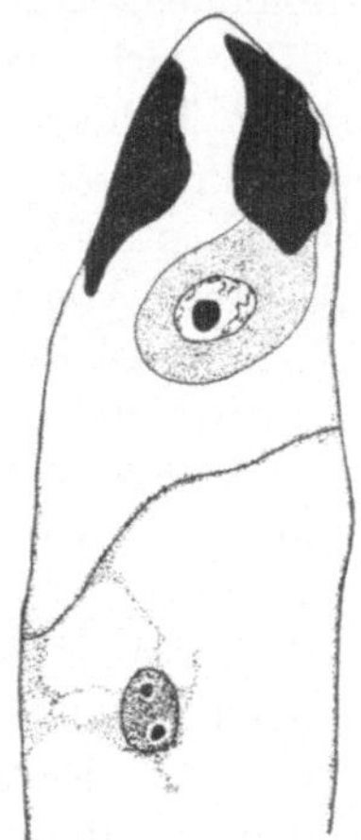

Abb. 101. *Lonicera pyrenaica.* Eiapparat. (Vergr. 400fach)

Abb. 102. *Lonicera pyrenaica.* Eizelle.
(Vergr. 340fach)

Synergiden, völlig zugrunde gegangen waren und nur mehr als einheitlich schwarz gefärbte Klumpen zu erkennen waren (Abb. 102).

An sehr wenigen Präparaten jedoch waren die Antipodenkerne zu
finden, auch dürfte an ihnen keine Zellbildung erfolgen. GUIGNARD (1893,
1882a) gibt an, daß die Antipoden sehr früh, oft schon vor der Befruchtung,
verschwinden.

Was nun den Befruchtungsvorgang des Embryosackes betrifft,
konnte ich derartige Bilder nie beobachten. Teils wurden auch die Untersuchungen dadurch erschwert, daß die Fruchtknoten sehr hart werden
und sich daher weniger gut fixieren lassen. Jedoch konnte an einigen
Präparaten die Bildungsweise des Endosperms gut beobachtet werden.
Für diese wird in der Literatur ein nuklearer Typus angegeben,
welcher im einzelnen auf Beobachtungen von HEGELMAIER (1885, 1886),
JÖNSSON (1879a, 1880) und WENT (1887) zurückgeht, und zwar sollen
die einzelnen Entwicklungsphasen in ähnlicher Weise wie bei *Symphoricarpus* verlaufen.

Einige gut fixierte Präparate lassen mich jedoch eine andere Bildungsweise des Endosperms annehmen. Diese soll an Hand der Abb. 103

beschrieben werden. In dem schmalen und spindelförmigen Keimsack ist die erste schon erfolgte Teilung des sekundären Embryosackkernes zu sehen. Zwischen den beiden Endospermkernen, die selbst ein Bild der Metaphase zeigen, liegt schräg zur Achse des Nuzellus die erste Endospermmembran. Sie teilt den Keimsack in zwei gleich große Teile. Der mikropylare Teil enthält die Eizelle und die beiden zum Teil degenerierten Synergiden. Die Eizelle selbst enthält in diesem Falle einige Inhaltskörper mir unbekannter Natur. Seitlich von ihr ist ein schwarzes, schlauchartiges Gebilde zu sehen, welches vielleicht als Rest des Pollenschlauches zu deuten wäre. Die chalazale Hälfte des Keimsackes enthält die drei völlig geschrumpften Antipodenkerne, die in diesem Fall entgegen der Angabe von GUIGNARD (1893, 1882a) und den eigenen sonst gemachten Beobachtungen, noch in dem befruchteten Embryosack erhalten sind. Die beiden in Metaphase befindlichen Endospermkerne zeigen in der Lage ihrer Kernspindeln eine zur Nuzellusachse schräg gestellte Richtung. Ich schließe aus der Richtung der ersten Endospermmembran und aus der der beiden Kernspindeln der Tochterkerne, wie auf Grund einiger anderer nicht dargestellter Präparate, daß die ersten Endospermwände schräg gestellt sind. Abweichend also von den sonst beobachteten quergestellten ersten Membranen ·der übrigen von mir untersuchten Gattungen der Familie. Es ergibt sich somit, entgegen den Angaben der Literatur von einer nuklearen Endospermbildung, eine zelluläre Endospermbildung für die Gattung *Lonicera*. Auch bei *Lonicera* dürfte die Embryobildung erst nach einer reichlichen Endospermbildung erfolgen, da auch Embryosäcke mit einem fortgeschrittteneren Endospermstadium stets ungeteilte Eizellen aufwiesen. Leider fehlen mir jegliche Beobachtungen einer Proëmbryo- und Embryobildung infolge der schlechten Fixierung älterer Fruchtknoten.

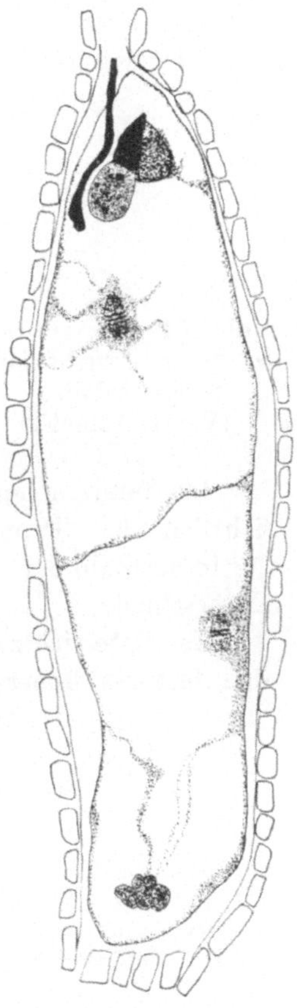

Abb. 103. *Lonicera pyrenaica*. Junges Endosperm. (Vergr. 360fach)

Zur Ergänzung wäre zu sagen, daß man während des ganzen Entwicklungsablaufes der Samenanlagen von *Lonicera pyrenaica* innerhalb der drei Fächer folgendes beobachten kann: Ungefähr im Stadium des vierkernigen Embryosackes kann man sehen, daß sich in jedem Fach je eine oder zwei Samenanlagen durch Wachstum bedeutend vergrößern, während für die übrigen Samenanlagen anscheinend ein Wachstumsstillstand, also keine Vergrößerung, zu bemerken ist. Man bekommt den Eindruck, als ob die Vergrößerung der einen Samenanlagen auf Kosten der anderen geschehen würde. Denn obwohl diese klein bleibenden Samenanlagen genau so wie die anderen Anlagen nach dem Normaltypus fertige achtkernige Embryosäcke ausbilden, weisen sie keine Entwicklung über dieses Stadium hinaus auf. Es erfolgt also bei ihnen keine Befruchtung, sie bleiben steril. Und als solche sterilgebliebene, kümmerliche Anlagen bleiben sie neben den wenigen befruchteten Samenanlagen erhalten und werden nicht aufgelöst. Es kann z. B. die Sterilität so weit gehen, daß, wie bei *Lonicera caprifolium* laut Horne (1914) die Frucht nur einen einzigen reifen Samen enthält.

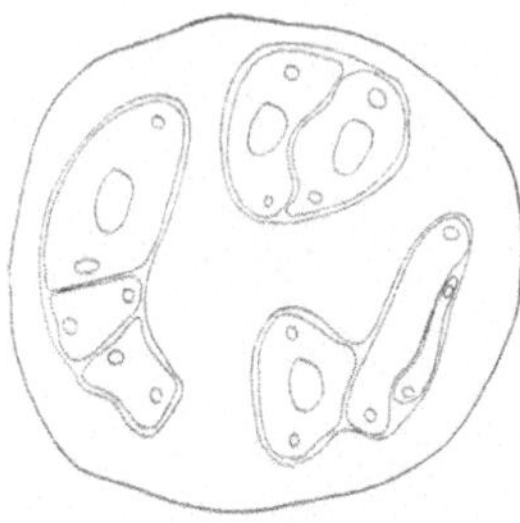

Abb. 104. *Lonicera involucrata*. Fruchtknotenquerschnitt. (Vergr. 13fach)

Ich fand im einzelnen bei den anderen *Lonicera*-Arten, nicht hinsichtlich des Typus der Embryosackentwicklung, sondern vielmehr nur in der Zahl der vorkommenden Samenanlagen, einige bemerkenswerte Unterschiede.

Es zeigte sich z. B. bei *Lonicera involucrata* innerhalb der drei Fächer eine fast als konstant zu bezeichnende Zahl von Samenanlagen. Es

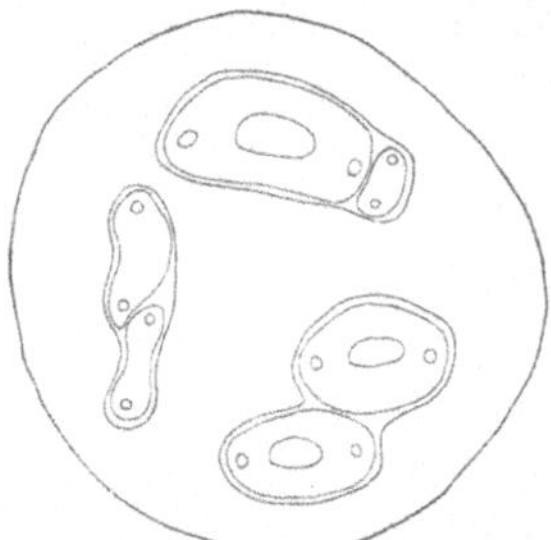

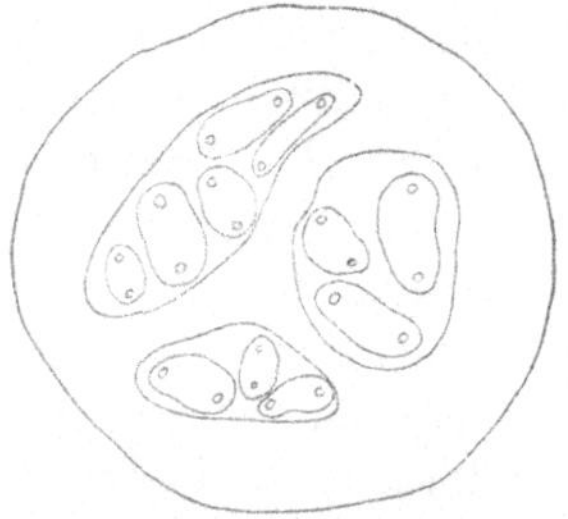

Abb. 105. *Lonicera pileata*. Fruchtknotenquerschnitt. (Vergr. 24fach)      Abb. 106. *Lonicera caprifolium*. Fruchtknotenquerschnitt. (Vergr. 13fach)

enthalten nämlich ein Fach zwei Samenanlagen, die beiden anderen Fächer je drei Samenanlagen. Von den ersteren werden beide Anlagen befruchtet, von letzteren bleiben eine, selten zwei Anlagen steril (Abb. 104).

Bei *Lonicera pileata* wiederum enthalten die drei Fächer meist nur je zwei Samenanlagen, wobei beide Anlagen eines Faches steril bleiben können, ebenso noch eine Samenanlage eines zweiten Faches, während im dritten Fach keine Sterilität zu sehen ist (Abb. 105).

Am stärksten ist, wie schon erwähnt, das Sterilbleiben bei *Lonicera caprifolium*, wo von den zahlreich angelegten Samenanlagen nur eine Anlage eines Faches zum Samen heranreift, während die beiden anderen Fächer steril gebliebene Samenanlagen enthalten (Abb. 106).

## Der männliche Gametophyt von *Lonicera pyrenaica*

Die Antherenwand besteht aus vier Zellschichten, von denen im Laufe der Pollenkornentwicklung sich wesentlich nur das Tapetum verändert. Zur Zeit, da die Pollenmutterzellen noch keinerlei Anzeichen

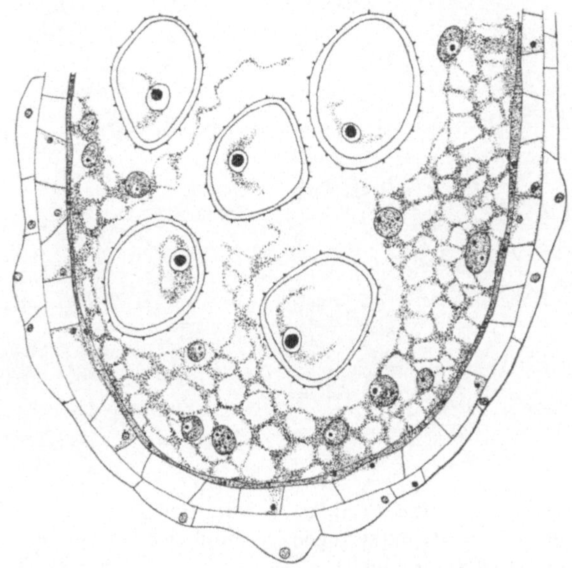

Abb. 107. *Lonicera pyrenaica*. Periplasmodium zur Zeit der einkernigen Pollenkörner. (Vergr. 430fach)

einer Teilung zeigen, besteht die Epidermis aus schmalen, langgestreckten Zellen, welche kleine Kerne und wenig Plasma aufweisen. Die subepidermale Schicht enthält in ihren kurzen, breiten Zellen einen auf die Wände zurückgezogenen Plasmakörper und kleine Kerne. Die Mittelschicht ist besonders kleinlumig, in ihren Zellen sind ein dichtes Plasma und kleine, schwarzgefärbte Kerne zu sehen. Die Tapetenzellen bilden eine völlig zusammenhängende Schicht; die großen Kerne liegen in einem dunklen Plasma, welches keine Vakuolen zeigt. Nach der Tetradenteilung der Pollenmutterzellen werden die Zellen des Antherentapetums, in welchen keine Kernvermehrung erfolgt ist, amöboid. Sie ergießen nämlich ihren Inhalt in das Innere des Antherenfaches. Die einkernigen Pollenkörner werden auf diese Weise von einem Periplasmodium umgeben, welches zunächst wandständig und von zahlreichen kleinen Vakuolen erfüllt ist.

Auch die Kerne der aufgelösten Tapetenschicht sind mehr an der Antherenwand gelagert (Abb. 107). In einem etwas späteren Stadium, aber noch
immer in dem des zweikernigen Pollenkornes, verdichtet sich das Periplasmodium und erfüllt als

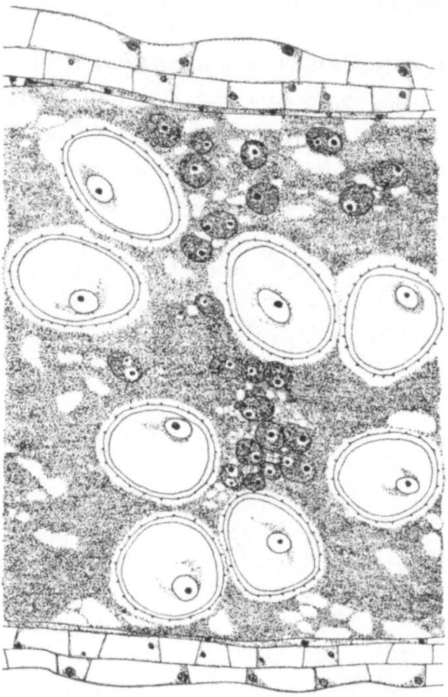

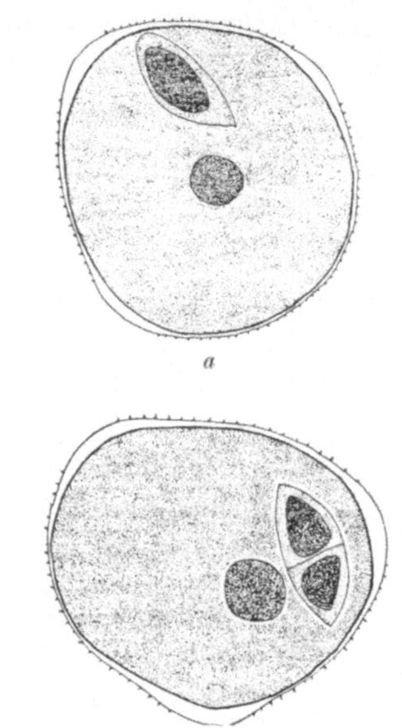

Abb. 109. *Lonicera pyrenaica*. Zwei-
und dreikernige Pollenkörner.
(Vergr. 410fach)

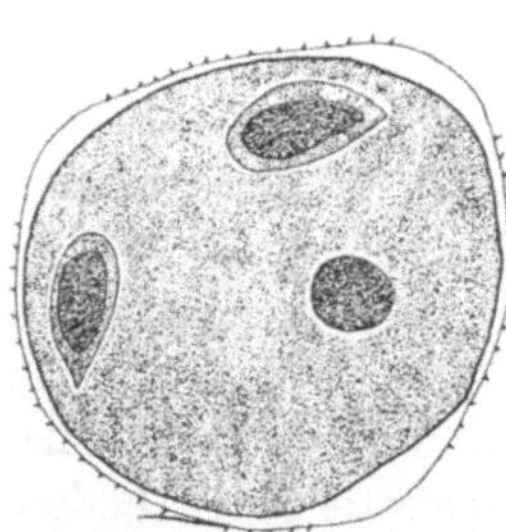

Abb. 108. *Lonicera pyrenaica*. Periplasmodiumbildung zur Zeit der einkernigen
Pollenkörner. (Vergr. 430fach)

Abb. 110. *Lonicera py-
renaica*. Dreikerniges
Pollenkorn.
(Vergr. 410fach)

solches dicht und arm an Vakuolen das An-
therenfach. Auch die wandständig gelagerten
Kerne sind in das Fachinnere gerückt, wo sie zu-
sammengeballt zu ganzen Kernhaufen zwischen
den jungen einkernigen Pollenkörnern zu sehen
sind (Abb. 108). In diesem Stadium scheint das
Periplasmodium den Höhepunkt seiner Entwicklung erreicht zu haben und am meisten zur
Ernährung der Mikrosporen beizutragen. Denn
bei den ersten Anzeichen einer Kernteilung innerhalb der einkernigen Pollenkörner löst sich auch
das Periplasmodium auf und ist schließlich nur
mehr in Fetzen vorhanden, bis es völlig verschwindet. An den drei übrigen Zellschichten ist keine bemerkenswerte Veränderung zu sehen gewesen. Die in der Literatur vor-

liegende Angabe einer Periplasmodiumbildung bei *Lonicera* wurde von JUEL (1915) gemacht.

Meine Beobachtungen hinsichtlich der Entwicklung der Mikrosporen erstrecken sich nur auf zwei- und dreikernige Pollenkörner. Sie erfolgten an Frischmaterial, welches mit Karminessigsäure gefärbt wurde. Die Färbung der generativen Zelle wie der beiden Spermazellen und auch des vegetativen Kernes erfolgte erst nach einer längeren Einwirkungsdauer. Es ergab sich folgendes: Der große vegetative Kern des zweikernigen Pollenkornes liegt meist zentrisch, während irgendwo in seinem Plasma die generative Zelle zu sehen ist. Sie zeigt in allen Mikrosporen dieselbe Gestalt, nämlich die einer langgestreckten, an einem Ende abgestumpften, am anderen spitz auslaufenden Zelle (Abb. 109, Fig. *a*). Die Teilung des generativen Kernes konnte ich nicht sehen, sie geht aber noch im Pollenkorn vor sich. Die Spermakerne lagen nach ihrer Entstehung zunächst noch in einer großen langgestreckten Zelle, die an beiden Enden ungefähr gleichmäßig zugespitzt ist, und durch Bildung einer Wand zwischen beiden Kernen entstehen die zwei Spermazellen (Abb. 111, Fig. *b*). Diese zeigen eine mehr elliptische Gestalt, welche an einem Ende abgerundet ist, am anderen spitz ausläuft. Die Spermakerne haben eine ähnliche Gestalt (Abb. 110). Meist liegen Spermazellen und vegetativer Kern in der Nähe der Pollenkornwand. Die äußere Gestalt der Mikrospore ist abgerundet. Die Exine weist zahlreiche Skulpturen auf, die nur an drei Stellen unterbrochen sind, an denen sich die Exine kuppenartig von der Intine abhebt. Ganz gleiche Beobachtungen ergaben sich an *Lonicera caprifolium*, *involucrata* und *pileata*, und es kann somit für die Gattung *Lonicera* Dreikernigkeit der reifen Mikrosporen wie das Auftreten von Spermazellen angegeben werden.

## Zusammenfassung der Ergebnisse

### Pollen

Was den männlichen Gametophyten der *Caprifoliaceae* betrifft, so finden sich in der Literatur verschiedene Angaben. Eine völlige Einheitlichkeit herrscht hinsichtlich der Teilung der Pollenmutterzellen. Sie vollzieht sich simultan durch Furchung und wird von SCHNARF (1931) angegeben. Ich konnte an den vorliegenden Arten diese Teilung bestätigen.

Wenige Beobachtungen jedoch liegen über die Beschaffenheit der reifen Pollenkörner vor. Es wurde für sie eine Dreikernigkeit festgestellt, und zwar für *Sambucus nigra* und *racemosa* von HALSTEDT (1887), ELFVING (1879), LAGERBERG (1909) und SCHÜRHOFF (1919); sie gaben ferner für den generativen Kern wie für die beiden Spermakerne ein deutliches Eigenplasma an. Ergänzend möchte ich aus meinen Beobachtungen dreikerniger Pollenkörner von *Sambucus nigra* hinzufügen, daß die Gestalt der generativen Zelle wie der Spermazellen eine konstante ist und daß die Lage und Anordnung der Spermazellen und des vegetativen Kernes an die reifer, dreikörniger Pollenkörner von *Adoxa moschatellina* erinnert. Eigene Untersuchungen haben ferner eine Dreikernigkeit für *Viburnum lentago* und *mongolicum* ergeben, wobei die Spermazellen stets variable Formen zeigten. Ferner ergaben meine Untersuchungen an Pollenkörnern von *Symphoricarpus racemosus* Dreikernigkeit und das Auftreten von Spermazellen. Generative Zelle und Spermazellen sind in ihrer Gestalt konstant. Außerdem ist im Plasma des vegetativen Kernes ein Inhaltskörper unbekannter Natur zu sehen. Auch bei *Lonicera caprifolium, involucrata, pileata* und *pyrenaica* konnte ich dreikernige Pollenkörner finden, deren generative Zelle, bzw. die Spermazellen konstant in der Gestalt sind. Für *Leycesteria formosa* wird von Schnarf (1937) und für *Linnaea borealis* von Giger (1913) Dreikernigkeit der Pollenkörner angegeben, ohne daß jedoch ein deutlich abgegrenztes Eigenplasma des generativen Kernes wie der Spermakerne gesehen wurde.

Es liegen somit für die wichtigsten Abteilungen der Familie der *Caprifoliaceae* eindeutige Angaben über Dreikernigkeit der reifen Pollenkörner und zum größten Teil auch über das Auftreten von Spermazellen vor.

Was das Verhalten des Antherentapetums betrifft, ist an *Sambucus ebulus* von Juel (1915) ein Sekretionstapetum gesehen worden. Ich konnte dieses auch an *Sambucus nigra* feststellen. Das Sekretionstapetum verschwindet schon im Stadium der zweikernigen Mikrosporen. Laut einer Angabe der Literatur (Schnarf 1931) soll bei *Viburnum* das Antherentapetum amöboid werden. Dies konnte ich nicht feststellen. Im Gegenteil zeigen *Viburnum lentago* und *mongolicum* ein typisches Sekretionstapetum, das zur Zeit der ruhenden Pollenmutterzellen seinen Höhepunkt der Ausbildung hat und im Stadium der zweikernigen Mikrosporen völlig verschwindet. Ein Sekretionstapetum ist auch von Juel (1915) an *Viburnum lantana* gesehen worden. Für *Symphoricarpus racemosus* ist von Schnarf (1929, S. 36) ein Eindringen der Protoplasten der Tapetenzellen zwischen die Pollenkörner beobachtet worden. Ich konnte feststellen, daß das Antherentapetum bei dieser Art im Stadium der Pollenmutterzellteilung amöboid wird und als ein zusammenhängendes Periplasmodium die einkernigen Pollenkörner umgibt und zur Zeit der zweikernigen Pollenkörner nicht mehr zu sehen ist. Eine Periplasmodiumbildung ist ferner von Juel (1915) an *Lonicera caerulea* beobachtet worden; eine solche fand auch ich bei *Lonicera caprifolium, involucrata, pileata* und *pyrenaica.* Zur Zeit der Pollentetraden wird das Antherentapetum amöboid und umgibt als zusammenhängendes Periplasmodium die einkernigen Mikrosporen und verschwindet im Stadium der zweikernigen Pollenkörner.

Es ergibt sich also für die Gattungen *Sambucus* und *Viburnum* ein Sekretionstapetum und für *Symphoricarpus* und *Lonicera* eine Periplasmodiumbildung. Über das Verhalten des Antherentapetums anderer Gattungen der Familie liegen in der Literatur keine Angaben vor.

Hinsichtlich des weiblichen Gametophyten ist es notwendig, eine Trennung in fertile und sterile Samenanlagen zu machen.

### Die fertile Samenanlage

Für die fertile Samenanlage wird ein unitegmischer, meist tenuinuzellater Bau angeführt; nur von DAHLGREN (1927c) werden große Nuzelli bei *Viburnum*-Arten angegeben. Aus meinen Untersuchungen ergaben sich für *Sambucus* und *Lonicera* tenuinuzellate, unitegmische Samenanlagen, für *Symphoricarpus* fast tenuinuzellate Samenanlagen. Unter der einschichtigen Nuzellusepidermis sind hier seitlich von der Archesporzelle noch einige wenige Zellen zu sehen. *Viburnum* zeigte krassinuzellate Samenanlagen, die jedoch dem tenuinuzellaten Typus stark angenähert sind. Außer der Embryosackmutterzelle treten innerhalb der Epidermis eine Anzahl von Zellen auf, die jedoch frühzeitig zugrunde gehen.

### Das weibliche Archespor und der Embryosack

Für die Embryosackentwicklung von *Sambucus* liegt in der Literatur die Angabe vor, daß die weibliche Archesporzelle, ohne eine parietale Zelle abzugliedern, zur Embryosackmutterzelle werde. Diese Angabe beruht auf Beobachtungen von JÖNSSON (1879, 1880), LAGERBERG (1909), VESQUE (1878, 1879a) und GUIGNARD (1893, 1882a). Meine Untersuchungen fanden an *Sambucus nigra* ein bis zwei Archesporzellen nebeneinander. Eine der Archesporzellen wird, ohne eine Deckzelle abzugeben, zur Embryosackmutterzelle, die als solche durch das Synapsis- oder Diakinesestadium sicher zu erkennen ist. Das Vorkommen von zwei Embryosackmutterzellen ist höchst selten. Die zwei Reifungsteilungen der Embryosackmutterzelle werden ohne Zellteilungen durchgeführt. Ihr Ergebnis ist nicht die Tetrade, sondern der vierkernige Embryosack. Die Embryosackmutterzelle stellt somit zugleich den einkernigen Embryosack dar. Es ergibt sich daraus eine Embryosackentwicklung nach dem *Adoxa*-Typus, welcher auch von LAGERBERG (1909) ohne ausführliche Darstellung an *Sambucus racemosa* festgestellt worden war. Die folgende Kernteilung führt zum achtkernigen Embryosack. Es entstehen zwei Vierergruppen, in denen eine Zellabgrenzung erfolgt. Der Eiapparat besteht so aus deutlich abgegrenzten Zellen, welcher in der Anordnung der Zellen stark der des Eiapparates von *Adoxa moschatellina* ähnelt. Die Eizelle enthält manchmal Inhaltskörper von mir unbekannter Natur. EICHINGER (1907) gibt für sie Stärke an, nach ihm soll auch die

Zellabgrenzung des Eiapparates nicht deutlich sein. Von den Antipoden ist manchmal eine größer als die beiden anderen; über ihr Schicksal fehlen mir jedoch Beobachtungen. Nach Lagerberg (1909) soll eine Antipodenzelle länger am Leben bleiben. Auffallend ist in den reifen Embryosäcken von *Sambucus nigra* die Lage der Polkerne. Sie sind seitlich der Embryosackwand dicht angedrückt und verschmelzen noch vor der Befruchtung. Hinsichtlich der Embryosackentwicklung der Gattung *Viburnum* liegen in der Literatur verschiedene Angaben vor. Einerseits soll die Entwicklung nach dem Normaltypus und anderseits nach dem *Scilla*-Typus durchgeführt werden. Außerdem soll nach Asplund (1920) das weibliche Archespor von *Viburnum opulus* Deckzellen abgliedern, und von Dahlgren (1927 c) wird an einigen *Viburnum*-Arten ein aus mehreren Zellschichten bestehender Nuzellus beobachtet. Diese Angabe von Dahlgren würde für eine Deckzellbildung sprechen, jedoch konnte dafür kein sicherer Beleg gegeben werden.

Meine Beobachtungen an *Viburnum lentago* und *mongolicum* ergaben keine Deckzellbildung. Die weibliche Archesporzelle wird direkt zur Embryosackmutterzelle. Die zwei Reifungsteilungen ergeben eine Tetrade von vier Makrosporen, von denen die chalazale Zelle weiterentwickelt wird. Die Embryosackentwicklung vollzieht sich auf Grund meiner Beobachtungen nach dem Normaltypus. Die Entwicklung nach dem Normaltypus wird auch von Schnarf (1931) angegeben, während sich nach Sunesson (1933) für *Viburnum acerifolium* und *lantana* die Entwicklung nach dem *Scilla*-Typus vollzieht. Die fungierende Makrospore der Tetrade wird in drei Kernteilungsschritten zum achtkernigen Embryosack. In der mikropylaren Vierergruppe erfolgt immer eine Zellbildung. Der Eiapparat zeigt hinsichtlich der Zellformen eine variable Gestalt. In der chalazalen Vierergruppe kann eine Zellbildung erfolgen; meist jedoch bleiben die Kerne frei und gehen frühzeitig zugrunde. Auffallend ist die Größe der Polkerne, die jedoch vor der Embryosackbefruchtung zu einem riesigen sekundären Embryosackkern verschmelzen. Unvollständig sind die allgemeinen Kenntnisse über die Entwicklung der fertilen Samenanlagen von *Symphoricarpus*. Unsere Untersuchungen ergaben für *Symphoricarpus racemosus* eine normale Entwicklung. Die primäre Archesporzelle wird direkt zur Embryosackmutterzelle, deren Reifungsteilungen gewöhnlich zu einer Tetrade von drei Makrosporen führt. Wie jedoch die Abb. 73 einer Samenanlage von *Symphoricarpus racemosus* zeigt, können auch vier Makrosporen ausgebildet werden. Die fungierende chalazale Makrospore wird in drei Teilungsschritten zum achtkernigen Embryosack, dessen mikropylare Vierergruppe eine Zellbildung erfährt. Der Eiapparat zeigt eine konstante Gestalt. Die Eizelle enthält manchmal Inhaltskörper mir unbekannter Natur. Eine Zellbildung der chalazalen Vierergruppe erfolgt nicht. Die Antipodenkerne verschwinden frühzeitig. Die Polkerne verschmelzen noch vor der Befruchtung zu dem sekundären Embryosackkern. Außer der normalen Entwicklung fertiler Samenanlagen scheint es jedoch vereinzelt vorzukommen, daß auch sonst fertile Samenanlagen steril bleiben können. Diese Vermutung ergibt sich aus den Abb. 74 und 75, welche eine zentrale Zellreihe darstellen, die man weder als Archesporzellen, noch als Tetrade ansprechen kann und die auf ein Sterilbleiben der Samenanlage hindeuten.

Sehr ähnlich im Erscheinungsbild der einzelnen Entwicklungsphasen von *Symphoricarpus* vollzieht sich die Entwicklung der fertilen Samenanlagen von *Lonicera*. Sie wurden im einzelnen von mir an *Lonicera caprifolium, involucrata, pileata* und *pyrenaica* beobachtet. Die Entwicklung beginnt mit einer Archesporzelle. Vereinzelt war zu sehen, daß unter der gewöhnlichen Embryosackmutterzelle sich eine Zelle befand, die vielleicht eine Archesporzelle darstellt. Ohne Deckzellen abzugeben, wird die Archesporzelle zur Embryosackmutterzelle, eine Beobachtung, die durch GIGER (1913) ihre Bestätigung findet. Die zwei Reifungsteilungen der Embryosackmutterzelle, verbunden mit Zellbildung, ergeben eine Tetrade von vier linear angeordneten Makrosporen. Die chalazale Makrospore stellt die Ausgangszelle für die Weiterentwicklung zum reifen Embryosack dar. Daraus geht eine Entwicklung der Samenanlage nach dem Normaltypus hervor. Dies wird auch von JÖNSSON (1879, 1880) an *Lonicera Ledebourii*, GUIGNARD (1882) an *Lonicera Standishii* und VESQUE (1878) an *Lonicera caprifolium* beobachtet. Der auf Grund von drei Kernteilungen entstandene achtkernige Embryosack hat einen deutlich abgegrenzten Eiapparat, dessen einzelne Zellen in ihrer Anordnung und Gestalt konstant sind und sehr dem Eiapparat von *Symphoricarpus* ähneln. In der chalazalen Vierergruppe des achtkernigen Embryosackes kann eine Zellbildung erfolgen, viel häufiger jedoch bleiben die Kerne frei und verschwinden frühzeitig. Nach GUIGNARD (1882a) sollen sie noch vor der Befruchtung zugrunde gehen. Die Verschmelzung der Polkerne zum sekundären Embryosackkern erfolgt noch vor der Befruchtung. Bezüglich *Linnaea* wird von GIGER (1913) und JÖNSSON (1879, 1880) für *Linnaea borealis* eine Entwicklung der Samenanlage nach dem Normaltypus angeführt.

Übersicht über die Entwicklung des Embryosackes der
*Caprifoliaceae*

| | | |
|---|---|---|
| *Sambucus nigra* | *Adoxa*-Typus | LAGERBERG (1909), MOISSL. |
| „ *racemosa* | „ | LAGERBERG (1909), MOISSL. |
| *Viburnum lentago* | Normaltypus | MOISSL. |
| „ *mongolicum* | „ | MOISSL. |
| „ *lantana* | *Scilla*-Typus | SUNESSON (1933). |
| „ *acerifolium* | „ | SUNESSON (1933). |

| | | |
|---|---|---|
| *Symphoricarpus* | | |
|    *racemosus* | Normaltypus | Moissl. |
| *Lonicera caprifolium* | Normaltypus | Vesque (1878), Moissl. |
|   ,,   *pyrenaica* | ,, | Moissl. |
|   ,,   *pileata* | ,, | Moissl. |
|   ,,   *involucrata* | ,, | Moissl. |
|   ,,   *Ledebouria* | ,, | Jönsson (1879, 1880). |
|   ,,   *Standishii* | ,, | Guignard (1882). |
| *Linnaea borealis* | Normaltypus | Jönsson (1879, 1880), Giger (1913). |

A d o x a c e a e

| | |
|---|---|
| *Adoxa moschatellina* | *Adoxa*-Typus Lagerberg (1909). |

Die sterile Samenanlage

Weitaus weniger wissen wir von der Entwicklung steriler Samenanlagen und obwohl einzelne Angaben über ihr Vorhandensein innerhalb der Gattungen *Sambucus*, *Viburnum*, *Symphoricarpus*, *Lonicera* und *Linnaea* vorliegen, so fehlt doch ein geschlossenes Bild ihrer Entwicklung. Es gelang in der vorliegenden Arbeit ein verhältnismäßig abgerundetes Entwicklungsbild der sterilen Samenanlagen von *Sambucus*, im besonderen von *Sambucus nigra*, zu geben. Die sterilen Samenanlagen treten innerhalb des Fruchtknotens in den Gewebepartien oberhalb der fertilen Samenanlagen auf. Ihre Entwicklung beginnt mit zahlreichen Archesporzellen, welche von einer einschichtigen Nuzellusepidermis umgeben werden, wobei es nie zur Ausbildung eines Integuments kommt. An *Sambucus nigra* wurde auch von Horne (1914) ein mehrzelliges Archespor in sterilen Samenanlagen festgestellt und ebenso von Persidsky (1939) für *Sambucus nigra, racemosa* und *ebulus*. Ohne Deckzellen abzugliedern, werden alle oder viele dieser Archesporzellen zu Embryosackmutterzellen, und zwar vollziehen sich ihre ersten und zweiten Reifungsteilungen unter beständiger Vergrößerung des Zellumens. Die Reifungsteilungen sind mit keiner Zellbildung verbunden und ergeben daher nicht Tetraden, sondern zwei- und vierkernige Embryosäcke, für die keine weiteren Kernteilungen erfolgen. Diese wenigkernigen Embryosäcke werden nie befruchtet. Sie lösen sich zur Zeit der beginnenden Endospermbildung der fertilen Samenanlagen auf und verschwinden schließlich vollkommen.

An dieser Stelle möchte ich auch das „spezifisch leitende Gewebe" des Griffels von *Sambucus* erwähnen, welches Lagerberg (1909) und Schürhoff (1919) angeben und das nichts anderes ist, als die zahlreichen einem derartigen Gewebe ähnlich sehenden sterilen Embryosäcke.

Die Angaben über das Vorkommen und die Entwicklung der sterilen Samenanlagen bei *Viburnum* erstrecken sich auf die verschiedensten Arten. Eine ausführlichere Untersuchung ist von Familler (1896) an sieben *Viburnum*-Arten durchgeführt worden, und zwar an *Viburnum lantana, opulus, lentago, tinus, cuneiforme, cotinifolium* und *tomentosum*. Sie erstrecken sich hauptsächlich auf die Zahl der bei den einzelnen Arten vorkommenden sterilen Samenanlagen, auf einige auffallende Erscheinungsbilder der Entwicklung, wie auf die Zahl der Kerne in den Embryosäcken. Genauere Angaben über den Entwicklungsablauf sind jedoch von FAMILLER wie von HORNE (1914), der sterile Samenanlagen an *Viburnum* beobachtet hatte, nicht gemacht worden. Umfassender sind dagegen die Darlegungen von PERSIDSKY (1939), die an *Viburnum opulus* und *tinus* erfolgten. Auf Grund eigener Beobachtungen kann für *Viburnum* an *Viburnum lentago* und *mongolicum* gesagt werden, daß in ihren Fruchtknoten bei *Viburnum lentago* zwei, bei *Viburnum mongolicum* ein bis zwei sehr kleine, sterile Fächer auftreten. Sie enthalten ein höckerförmiges Gebilde, das als eine Verwachsung von mehreren Samenanlagen zu deuten ist. Bei *Viburnum lentago* und *mongolicum* waren stets drei Samenanlagen miteinander verwachsen. Sie zeigen weder eine Integumentbildung noch eine Veränderung ihrer Orientierung. FAMILLER (1896) gibt für die von ihm untersuchten *Viburnum*-Arten ein angedeutetes Integument an. In den sterilen Samenanlagen von *Viburnum lentago* und *mongolicum* werden unter einer einschichtigen Nuzellusepidermis eine. bis mehrere Archesporzellen angelegt, welche ohne Bildung von Deckzellen und Tetraden, Embryosackmutterzellen und somit auch einkernige Embryosäcke darstellen. PERSIDSKY (1939) bildet von *Viburnum opulus* ein einzelliges Archespor ab. Für die einkernigen Embryosäcke vollziehen sich zahlreiche Kernteilungen, die bei *Viburnum lentago* bis zu achtzehnkernigen, bei *Viburnum mongolicum* bis zu zwanzigkernigen Embryosäcken führen können. Den Kernen dieser Embryosäcke fehlt jede bipolare Anordnung und Zellenbildung, die befruchtungsfähige Embryosäcke kennzeichnen. Auch in der Größe der Kerne herrscht keine Konstanz. Es kommt nie zu einer Befruchtung dieser vielkernigen Embryosäcke und somit auch zu keiner Embryobildung. Im Gegenteil macht sich schon frühzeitig eine beginnende Auflösung, erst der Nuzellusepidermis und später der Embryosäcke selbst bemerkbar. Es entstehen endlich Hohlräume, die bald von dem umliegenden Gewebe des Griffels zusammengedrückt werden.

Ganz anders als bei *Sambucus* und *Viburnum* ist das Verhalten steriler Samenanlagen von *Symphoricarpus* und *Lonicera*.

Bei *Symphoricarpus racemosus* machen die sterilen Samenanlagen die gleiche Entwicklung durch wie die fertilen Samenanlagen. Die sterilen Samenanlagen sind anatrop, fast tenuinuzellat und unitegmisch. Die primäre Archesporzelle wird, ohne eine Deckzelle abzugeben, zur Embryosackmutterzelle. Auch für sie werden die zwei Reifungsteilungen mit Zellteilungen verbunden, welche eine Tetrade von drei Makrosporen ergeben. Für die weitere Entwicklung ist die chalazale Makrospore auserlesen, und so vollzieht sich die Entwicklung, wie die fertiler Samenanlagen nach dem Normaltypus. Die folgenden drei Kernteilungen führen zur Bildung scheinbar befruchtungsfähiger Embryosäcke, in denen jedoch nie eine Befruchtung erfolgt. Zur Zeit der Endospermbildung fertiler Embryosäcke beginnt sich ein Vertrocknen der steril gebliebenen Embryosäcke bemerkbar zu machen, das so weit geht, daß alle Samenanlagen der sterilen Fächer zu schwarzen Gebilden zusammenschrumpfen. Die Angaben der Literatur, soweit solche vorhanden, sind über das Verhalten steriler Samenanlagen von *Symphoricarpus* gleichlautend. Die Untersuchungen wurden von FAMILLER (1896), HORNE (1914) und BILLINGS (1901) ausgeführt und zeigen eine Übereinstimmung mit den vorliegenden Beobachtungen. Die sterilen Samenanlagen von *Lonicera pyrenaica* zeigen die gleiche Entwicklung wie die fertilen Samenanlagen. Der dreifächrige Fruchtknoten enthält in jedem Fach mehrere Samenanlagen, in denen sich die Entwicklung nach dem Normaltypus vollzieht. Die Samenanlagen sind tenuinuzellat und unitegmisch. In drei Teilungsschritten wird die fungierende Makrospore zum achtkernigen, befruchtungsfähigen Embryosack. Dieses Entwicklungsstadium erreichen alle Samenanlagen der drei Fächer, nur ist für ein bis zwei Samenanlagen jedes Faches von *Lonicera pyrenaica* im Laufe der Entwicklung zum Nachteil der übrigen Samenanlagen eine bedeutende Vergrößerung erfolgt. Dieses starke Wachstum einzelner Samenanlagen führt zur völligen Verkümmerung der übrigen Anlagen. Es zeigt sich, daß letztere, trotz ihrer anscheinend befruchtungsfähigen Ausbildung steril bleiben und als solche innerhalb der drei Fächer als zusammengeschrumpfte Gebilde zu sehen sind. Bei *Lonicera caprifolium* erstreckt sich nach einer Angabe von HORNE (1914) die Sterilität mit Ausnahme einer einzigen Samenanlage auf alle Anlagen der drei Fächer. Auch bei *Lonicera involucrata* und *pileata* bleiben mehrere Samenanlagen steril, obwohl auch für sie die Entwicklungsstufe der achtkernigen Embryosäcke erreicht wird.

Die Untersuchungen von JÖNSSON (1879, 1880) an *Lonicera Ledebourii*, von GUIGNARD (1893, 1882a) an *Lonicera Standishii* und von VESQUE (1878, 1879a) an *Lonicera caprifolium* ergaben die nämlichen Beobachtungen hinsichtlich der steril bleibenden Samenanlagen. Keinen Aufschluß gibt jedoch die Arbeit von PERSIDSKY (1939), dessen Untersuchungen an *Lonicera tartarica, nigra* und *xylosteum* lediglich das Vorkommen langgestreckter vielkerniger Zellen in dem Fruchtknoten, dem Griffel und den Blütenblättern behandeln. Nach seiner Auffassung soll es sich hierbei um sterile Embryosäcke handeln. Auch ich konnte diese von PERSIDSKY so ausführlich besprochenen Zellen an *Symphoricarpus* und *Lonicera* stets in der Nähe der Gefäßbündel beobachten. Möglicherweise handelt es sich um gerbstofführende Zellen. Zusammenfassend kann gesagt werden, daß das Vorkommen steriler Samenanlagen bei *Sambucus*, *Viburnum*, *Symphoricarpus*, *Lonicera* und *Linnaea* beobachtet wurde, wobei für *Sambucus* und *Virburnum* eine weitgehende Reduktion der sterilen Samenanlagen erfolgt.

## Befruchtung

Hinsichtlich des Pollenschlauchverlaufes und der Befruchtung des Embryosackes fehlen mir sowohl für *Sambucus* und *Viburnum* als auch für *Symphoricarpus* und *Lonicera* die Beobachtungen. Die einzige in der Literatur vorliegende Angabe erfolgte von GIGER (1913) für *Linnaea borealis*, nämlich die einer doppelten Befruchtung.

## Endosperm

Unsere Kenntnisse über die Endospermbildung erstrecken sich auf die Gattungen *Sambucus*, *Viburnum*, *Symphoricarpus*, *Lonicera* und *Linnaea*. Auf Grund verschiedener Beobachtungen wird einerseits eine Endospermbildung nach dem zellulären und anderseits eine nach dem nuklearen Typus angeführt. Im einzelnen ist von LAGERBERG (1909) für *Sambucus racemosa*, von WENT (1887) und EICHINGER (1907) für *Sambucus nigra* eine Endospermbildung nach dem zellulären Typus angegeben worden, dagegen von HEGELMAIER (1885, 1886) eine nach dem nuklearen Typus. Es zeigte sich, daß die Teilung des sekundären Embryosackkernes mit einer Zellwandbildung, welche senkrecht zur Nuzellusachse steht, verbunden ist. Auch die weiteren Teilungsschritte der Endospermkerne sind mit quergestellten Wandbildungen verbunden und erst später treten Längsteilungen ein. Nach dem von HEGELMAIER angeführten nuklearen Endospermtypus soll erst nach einigen Teilungen der Endospermkerne auf Grund plasmatischer Stränge und Plasmaplatten eine Wandbildung erfolgen. Es liegen somit für *Sambucus* mehrere gleichlautende Angaben einer zellulären Endospermbildung vor. Die Angaben über den nuklearen Typus sind unrichtig. Hinsichtlich der Gattung *Viburnum* wird von HEGELMAIER (1885, 1886) eine Endospermbildung nach dem nuklearen Typus angegeben, und zwar für die Arten *Viburnum lantana* und *opulus*. Nach zahlreichen Teilungen der Endospermkerne sollen durch plasmatische Stränge Zellwände ausgebildet werden. Obwohl mir infolge schlechter Fixierungen die Untersuchungen der vorliegenden Arten erschwert wurden, gelang es doch an Hand eines Präparats, die erste Teilung des sekundären Embryosackkernes zu beobachten, welche von einer Wandbildung, die senkrecht zur Nuzellusachse steht, begleitet wird. Es kann somit, wie auch SUNESSON (1933) für *Viburnum lantana* angibt, für eine Endospermbildung nach dem zellulären Typus entschieden werden.

Auch für *Symphoricarpus* liegt allein nur eine Angabe von HEGELMAIER (1885, 1886) vor, die eine nukleare Endospermbildung besagt, der gegenüber ich für *Symphoricarpus racemosus* eine zelluläre Bildungsweise beobachten konnte. Der sekundäre Embryosackkern teilt sich durch eine zur Nuzellusachse parallel stehende Spindel und bildet eine deutlich quergerichtete Wand aus, welche den Embryosack in zwei Teile teilt. Gleichzeitig sei erwähnt, daß ich bei *Symphoricarpus racemosus* einen zwei- und vierzelligen Proëmbryo beobachten konnte, dessen Bildung erst bei fortgeschrittenem Endosperm erfolgte.

Die Angabe des für *Lonicera* angeführten Typus der Endospermbildung beruht auf Untersuchungen von JÖNSSON (1879, 1880) und WENT (1887) für *Lonicera Ledebourii* und von HEGELMAIER (1886) für *Lonicera caprifolium.* Es wird für beide Arten eine nukleare Bildungsweise angegeben. Eigene Beobachtungen ergaben eine Teilung des sekundären Embryosackkernes durch eine zur Nuzellusachse schräg gestellte Spindel und einer ebenso gerichteten, der Kernteilung folgenden Zellmembran. Auch die folgenden Kernteilungen und Wandbildungen werden durch schräg gestellte Spindeln bestimmt. Die Endospermbildung geht somit nach dem zellulären Typus vor sich.

Ähnlich wie bei *Symphoricarpus* dürfte die Embryobildung erst nach einer reichlichen Endospermbildung erfolgen.

**Die zusammenfassenden Ergebnisse der Endospermbildung der *Caprifoliaceae*.**

Unrichtige ältere Angaben in eckigen Klammern.

| | | | |
|---|---|---|---|
| *Sambucus* | *nigra* | Ze. Typus | WENT (1887). |
| ” | ” | ” ” | EICHINGER (1907). |
| ” | ” | ” ” | MOISSL. |
| ” | *racemosa* | ” ” | LAGERBERG (1909). |
| [*Sambucus* | *nigra* | Nu. Typus | HEGELMAIER (1885, 1886).] |
| *Viburnum* | *lantana* | Ze. Typus | SUNESSON (1933). |
| ” | *lentago* | ” ” | MOISSL. |
| ” | *mongolicum* | ” ” | MOISSL. |
| [*Viburnum* | *lantana* | Nu. Typus | HEGELMAIER (1885, 1886). |
| ” | *opulus* | ” ” | HEGELMAIER. |
| *Symphoricarpus racemosus* | | Ze. Typus | MOISSL. |
| [*Symphoricarpus racemosus* | | Nu. Typus | HEGELMAIER (1885, 1886).] |
| *Lonicera* | *caprifolium* | Ze. Typus | MOISSL. |
| ” | *involucrata* | ” ” | MOISSL. |
| ” | *pileata* | ” ” | MOISSL. |
| ” | *pyrenaica* | ” ” | MOISSL. |
| [*Lonicera* | *Ledebourii* | Nu. Typus | JÖNSSON (1879, 1880), WENT (1886). |
| ” | *caprifolium* | ” ” | HEGELMAIER (1886). |

# Anhang

Zur Ergänzung führe ich noch an, daß in der Kronröhre der Blüten von *Symphoricarpus* und *Lonicera* Nektardrüsen zu sehen sind, die auch von FELDHOFEN III (1933) innerhalb einer umfassenden Arbeit behandelt werden. Auch die Corollblätter von *Adoxa moschatellina* zeigen ein allerdings mehrzelliges Sekretgewebe, welches als Nektarium fungiert.

Die vorliegende Arbeit wurde im Botanischen Institut der Universität Wien (Direktor Professor Dr. FR. KNOLL) unter der Leitung von Professor Dr. K. SCHNARF ausgeführt.

Meinem hochverehrten Lehrer, Professor K. SCHNARF, danke ich für die stets so entgegenkommende Anteilnahme und alle ratgebenden Hinweise. Ebenso herzlich sei es mir erlaubt, Fräulein R. WUNDERLICH, die meiner Arbeit allzeit das regste Interesse entgegenbrachte, zu danken.


## Schriftenverzeichnis

**Asplund, E.,** 1920. Studien über die Entwicklungsgeschichte der Blüten einiger Valerianaceen. K. Svenska Vetenskapsakad. Handlingar, **61**, N. 3.

**Billings, F. H.,** 1901. Beiträge zur Kenntnis der Samenentwicklung. Flora, **88**, 253—318.

**Dahlgren, K. V. O.,** 1927. Die Morphologie des Nuzellus mit besonderer Berücksichtigung der deckzellosen Typen. Jahrb. f. wiss. Bot., **67**, 347 bis 426.

**Eichinger, A.,** 1907. Vergleichende Entwicklungsgeschichte von *Adoxa* und *Chrysosplenium*. Mitt. Bayr. bot. Ges., **2**, 65—74, 81—93.

**Elfving, F.,** 1879. Studien über die Pollenkörner der Angiospermen. Jenaische Zeitschr. Med. Nat., **13**, 1—28.

**Familler, J.,** 1896. Biogenetische Untersuchungen über verkümmerte oder umgebildete Sexualorgane. Flora, **82**, 133—168.

**Feldhofen III, E.,** 1932. Beiträge zur physiologischen Anatomie der nuptialen Nektarien aus den Reihen der Dikotylen. Beih. Bot. Centralbl., Bd. **50**, Abt. 1, Heft **3**, 1933.

**Giger, E.,** 1913. *Linnaea borealis*. Eine monographische Studie. Beih. bot. Centralbl., **30**, Abt. 2, 1—78.

**Guignard, L.,** 1893. Recherches sur le développement de la graine et en particulier du tégument séminal. Journ. de bot., **7**, 1—14, 21—34, 57—66, 97—106, 140—153, 205—214, 241—250, 282—296, 303—311.

**Guignard, L.,** 1882. Recherches sur le sac embryonnaire des phanérogames angiospermes. Ann. sc. nat., Bot., 6. sér., **13**, 136—199.

**Halstedt, B. D.,** 1887. Three nuclei in pollen grains. Bot. Gaz. **12**, 285—288.

**Hegelmaier, F.,** 1885. Untersuchungen über die Morphologie des Dicotyledonenendosperms. Nova acta Leop.-Car. Akad. Naturf., **49**, Nr. 1.

**Hegelmaier, F.,** 1886. Zur Entwicklungsgeschichte endospermatischer Gewebekörper. Bot. Ztg., **44**, 529—539, 545—555, 561—578, 588—596.

**Hofmeister, W.,** 1858. Neuere Beobachtungen über Embryobildung der Phanerogamen. Jahrb. f. wiss. Bot., **1**, 82—190.

**Horne, A. S.,** 1914. A. contribution to the study of evolution of the flower, with special reference to the *Hamamelidaceae, Caprifoliaceae* and *Cornaceae*. Transact. Linn. Soc. London, 2. ser., 8, 239—309.

**Jönsson, B.,** 1879, 1880. Om embryosäckens utveckling hos Angiospermerna. Lunds. Univ. Arsskr., 16.

**Juel, H. O.,** 1915. Untersuchungen über die Auflösung der Tapetenzellen in den Pollensäcken der Angiospermen. Jahrb. f. wiss. Bot., 56, 337—364.

**Lagerberg, T.,** 1909. Studien über die Entwicklungsgeschichte und systematische Stellung von *Adoxa Moschatellina* L. K. Svenska Vetenskapsakad. Handlingar, 44.

**Persidsky, D.,** 1939. Gynoeceum Evolution in the Family *Caprifoliaceae*. Journ. Institut Botanique acad. Ukraine Kiev, Nr. 21—22, 29—30.

**Schnarf, K.,** 1929. Embryologie der Angiospermen. Handb. der Pflanzenanatomie von K. LINSBAUER, 10/2.

**Schnarf, K.,** 1931. Vergleichende Embryologie der Angiospermen.

**Schnarf, K.,** 1936. Contemporary understanding of embryosac development among angiosperms. Bot. Review, 2, 565—585.

**Schnarf, K.,** 1939. Variation im Bau des Pollenkornes der Angiospermen. Tabulae Biol., 17, 72—89.

**Schürhoff, P. N.,** 1916. Über dreikernige Pollenkerne bei angiospermen Pflanzen. Mikrokosmos, 10, 141—143.

**Schürhoff, P. N.,** 1919. Über die Teilung des generativen Kernes vor der Keimung des Pollenkornes. Arch. Zellf., 15, 145—159.

**Strasburger, E.,** 1889. Über das Wachstum vegetabilischer Zellhäute. Histol. Beitr., 2, Jena.

**Sunesson, Sv.,** 1933. Zur Embryologie der Gattung *Viburnum*. Botaniska Notiser, 1933, 181—194.

**Vesque, J.,** 1878. Développement du sac embryonnaire des phanérogames angiospermes. Ann. sci. nat., Bot., sér. 6, 6, 237—285.

**Vesque, J.,** 1879. Nouvelles recherches sur le développement des phanérogames angiospermes. Ann. sci. nat., Bot. sér., 6, 8, 261—390.

**Vidal, L.,** 1897. Sur la structure et le développement du pistil et du fruit des Caprifoliacées. Ann. Univ. Grenoble, 9.

**Vidal, L.,** 1900. Recherches sur le sommet de l'axe dans la fleur des Gamopétales. Diss. Grenoble.

**Went, F. A. F. C.,** 1887. Beobachtungen über Kern- und Zellteilungen. Ber. d. deutsch. bot. Ges., 5, 247—258.

**Wille, N.,** 1886. Über die Entwicklungsgeschichte der Pollenkörner der Angiospermen und das Wachstum der Membranen durch Intussusception. Christiania Vidensk. Selsk. Forhandl., Nr. 5.

**Yamaha, G.,** 1926. Über die Zytokinese bei der Pollentetradenbildung, zugleich weitere Belege zur Kenntnis der Zytokinese im Pflanzenreiche. Jap. Journ. Bot., 3, 139—162.

## Lebenslauf.

Ich wurde am 6. Oktober 1915 in Olmütz (Protektorat) geboren. Infolge der häufigen dienstlichen Versetzungen meines Vaters genoß ich meine Schulbildung an verschiedenen Orten, und zwar die Volksschule in Mauer bei Wien und in Villach und die Mittelschule (Mädchen-Realgymnasium Type C) in Salzburg. Im Wintersemester 1935 erfolgte meine Immatrikulation in der Universität Graz, wo ich die naturgeschichtlichen und geographischen Vorlesungen und Übungen besuchte. Meine Lehrer waren Angel, Kumpf, Mally, Maul, Meixner, Reichel, Rosenberg, Storch, Tumlirz und Widder. Besonders Prof. Widder verdanke ich zwei schöne, äußerst lehrreiche Semester. Im Wintersemester 1936 setzte ich meine Studien an der Wiener Universität bis zum Sommersemester 1940 fort. Hier waren in den biologischen Fächern meine Lehrer Cammerloher, Himmelbaur, Höfler, Janchen, Knoll, Kober, Leitmeier, Penners, Schnarf und Versluys. Außerdem hörte ich einzelne kunstgeschichtliche und germanistische Vorlesungen. Meine Dissertationsarbeit führte ich in den Jahren 1939 und 1940 unter der Leitung des Professors Schnarf durch. Diesem gilt mein ganz besonderer Dank.

Innerhalb der Jahre 1937 und 1938 war ich als Kameradschaftsführerin und Kulturreferentin in der A. N. St. der Universität tätig und leistete im Sommer 1937 im Rosental in Kärnten freiwilligen Landdienst. Am 2. April 1940 erfolgte meine Eheschließung mit Dr. rer. pol. Richard Moissl.

Edith Moissl geb. Heinz.